가구재료학

조 숙 경

W O O D

L E A T H E R

M E T A L

P L A S T I C

머 리 말

가구에 사용되는 재료는 목재를 비롯하여 매우 다양하며, 현재에도 계속해서 새로운 재료개발이 이루어지고 있다. 재료의 특징을 모르는 상태에서는 가구를 디자인할 수 없기 때문에 가구관련학과에서는 '가구재료학'이라는 이론과목을 개설하고 있다. 그러나 교재로 사용하는 책의 내용이 원자재중심의 공학적 개념이 강조되어 학생들이 이해하기 어렵고 지루한 경향이 있는 수업 중의 하나이다. 즉 재료의 속성을 중심으로 이론적인 내용만 담다보니, 가구디자인 및 실제 제작에 도움이 되는 정보와 동떨어져 있어 이해하기 어렵기 때문이다.

따라서 이 책에서는 가구에 가장 많이 사용되는 목재를 비롯하여 금속, 플라스틱 등의 원자재뿐만 아니라 가구하드웨어인 부자재를 중심으로 그 특징과 종류 및 가공방법을 살펴보았다. 또한 독자의 이해를 돕기 위하여 역사적으로 의미 있는 가구를 실례로 들어 어떠한 재료가 어떻게 쓰였는지 살펴보았다. 재료 접근이 용이하지 않은 가구관련학과 학생을 비롯하여 가구 관련 종사자들이 재료를 쉽게 이해할 수 있도록 서술하였다.

이 책을 통하여 재료가 가구의 역사에 얼마나 많은 영향을 미치고 있는지 알 수 있으며, 혁신적인 가구디자인을 위하여 기술만큼이나 재료의 연구가 동반되어야 한다는 점을 인식할 수 있기 바란다.

저자 **조숙경**

차 례

1장 원자재

가구의 재료는 크게 원자재와 부자재로 나눌 수 있다.

원자재는 가구생산의 주원료가 되는 것으로 목재, 금속, 플라스틱, 가죽, 천 등을 말하며, 부자재는 가구의 생산과정에서 부수적으로 보조역할을 하는 재료를 말하는데, 여기에는 경첩, 레일, 캐스터, 손잡이 등의 하드웨어가 있다.

원자재 중에서 가구에 가장 많이 사용되는 것은 목재이다.

과거 조선시대만 보더라도 대부분의 가구가 느티나무, 오동나무, 참나무 등의 국내산으로 제작되었다. 그러나 전쟁으로 인하여 나무가 고갈되면서 현재 국내에 자생하는 나무들은 지름이 작은 소경목으로 가구제작에 부적합하다. 따라서 대부분의 목재가 외국으로부터 수입되므로 가구의 소비자 가격을 올리는 주범이 되고 있다.

미얀마, 필리핀, 말레이시아, 인도네시아 등지에서 수입되는 나무로는 라왕, 고무나무, 장미목, 가링 등이 있으며 중국, 일본 등지에서 수입되는 나무는 호두나무, 편백나무, 삼나무, 단풍나무, 느티나무 등이 있다. 미국과 캐나다 등지에서 수입되는 나무로는 벚나무, 호두나무, 단풍나무 등이며, 아프리카지역에서 수입되는 나무에는 마호가니, 미송, 부빙가 등이 있다.

목재 다음으로 가장 많이 사용되는 금속을 비롯하여 가죽, 플라스틱 등 대부분의 원자재를 수입에 의존하고 있으므로 가구의 가격 상승을 저하시킬 수 있는 부자재의 국내개발이 시급하다.

01 목 재

원목(Solid Wood)의 특징

원목은 나무를 베어낸 상태를 말하며, 건조된 것과 건조되지 않은 원목으로 나누어진다. 원목가구를 제작하기 위해서는 목재를 구매해야 하는데, 곧바로 제작이 가능한 건조된 원목은 가격이 비싸며, 건조되지 않은 원목은 건조시간이 필요하므로 저렴하다. 따라서 목재를 많이 사용하는 가구회사 및 공방에서는 건조되지 않은 원목을 싼값에 구매하여 장시간 건조시키면서 필요할 때 사용함으로써 가구의 원자재 가격을 최대한 낮추고자 한다.

함수율(含水率)은 목재의 총 무게 중 내포된 수분의 무게를 백분율로 나타낸 것으로 목재의 변형과 밀접한 관계가 있다. 건조되지 않은 목재의 함수율은 약 60%~100%이며, 보통의 대기온도와 습도가 비슷한 수분을 함유한 상태를 기건이라 하며, 약 15%이다. 목재를 건조시킨 후 대기 중에 놓아두면 수분을 다시 흡수하는데, 세포막이 더 이상 흡수할 수 없는 포화상태가 온다. 이것을 섬유포화점이라 하며 함수율은 30% 정도이다. 섬유포화점 이하에서는 함수율이 적을수록 강도가 증가되는 경향이 있으며, 인공적으로 함수율을 0%로 만든 상태를 전건이라 한다.

■ 특징

- 가볍고 가공성이 우수하다.
- 흡음률이 있어 방음재로 적당하다.
- 종류가 다양하며, 열전도율이 작다.
- 표면질감이 좋고, 나뭇결이 아름답다.
- 건조시간이 길다.
- 내습성에 약해 잘 썩는다.
- 수축·팽창하여 변형(갈라짐, 휨)이 잘 된다.
- 타 재료에 비해 내구성이 약하고, 잘 탄다.
- 표면이 고르지 못해 재료활용률이 떨어진다(옹이, 갈라짐, 썩은 곳).

구　조

나무를 세워놓고 나이테가 보이도록 가로로 절단하면 조직이 크게 5가지로 구분된다. 나무의 가장 가운데에 있는 수심과 그것을 둘러싼 안쪽 부분을 심재(心材)라 하며, 심재를 둘러싼 바깥 부분을 변재(邊材), 가장 바깥쪽에 위치한 껍질, 그리고 전체에 퍼져 있는 나이테를 들 수 있다.

- 수 심 : 나무의 가장 가운데 부분으로 범위가 작아 가구재로 사용하지 않는다.
- 심 재 : 단단하며, 무겁고, 변재보다 색이 진하다. 변재보다 변형이 적고 질이 우수하여 가구재로 많이 쓰이는 부분이다.
- 변 재 : 색이 흐리며, 재질이 무르고, 수액이 많아 건조시 변형이 심하여 가구재로 사용하지 않는다.
- 껍 질 : 나무의 가장 바깥에 위치하여 표면이 불규칙적이며, 단단하지 못해 가구제작시 버리는 부분이다.
- 나이테 : 간격이 넓고 연한 부분은 봄과 여름에 성장하여 춘재(春材)라 하며, 가을과 겨울에 성장한 부분은 간격이 좁고 진한 색깔로 추재(秋材)라 한다. 나이테의 숫자로 나무의 나이를 추측할 수 있으며, 나이테가 명료한 것은 주로 침엽수이고, 그렇지 않은 것은 활엽수에 많다.

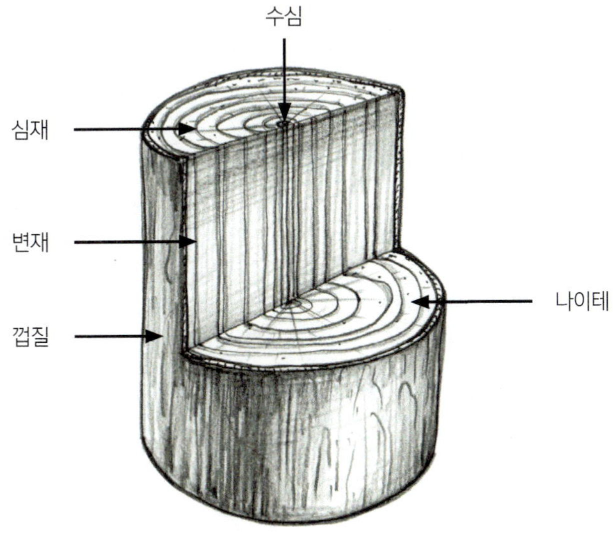

· 나무결

- 널결

나이테의 평행한 방향으로 자른 목재면에 나타나는 산이나 물결 모양의 나뭇결을 말한다. 곧은결보다 아름다워 가구의 문이나 실내장식재 그리고 공예품에 사용되나, 곧은결보다 변형이 크고, 마모율이 높은 것이 단점이다.

널결

- 곧은결

나이테의 직각 방향으로 자른 목재면에 나타나는 곧은 직선 모양의 나뭇결을 말한다. 가구의 다리나 기둥처럼 나뭇결이 잘 보이지 않는 곳이나 실내장식재로 주로 사용된다.

곧은결

목재 제재

기계톱을 사용하여 목재의 길이방향으로 절단한 것으로서 나이테의 반지름이 크면 클수록 건조 시 많은 변형이 온다. 즉 수심에서 먼 변재 부분이 바깥쪽으로 활처럼 휘게 된다.

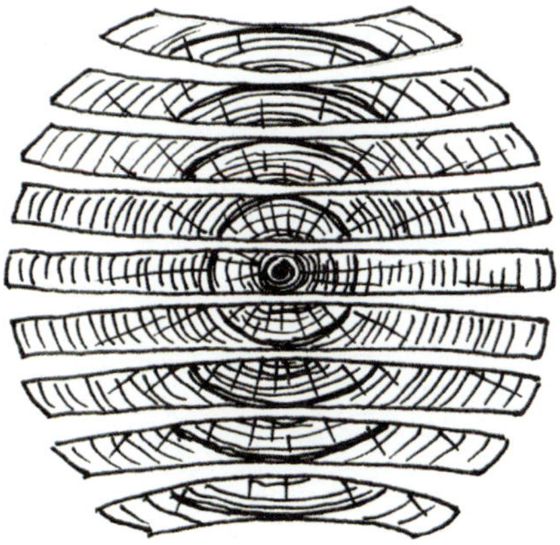

기계톱 재단

수심 부분을 잘라내고 위와 아래로 분리된 원목을 판재로 잘라내는 방법으로 위의 제재법의 단점을 보완할 수 있다. 즉 판재의 변형이 거의 일어나지 않아 재료의 손실이 적으나 판재의 폭이 좁다.

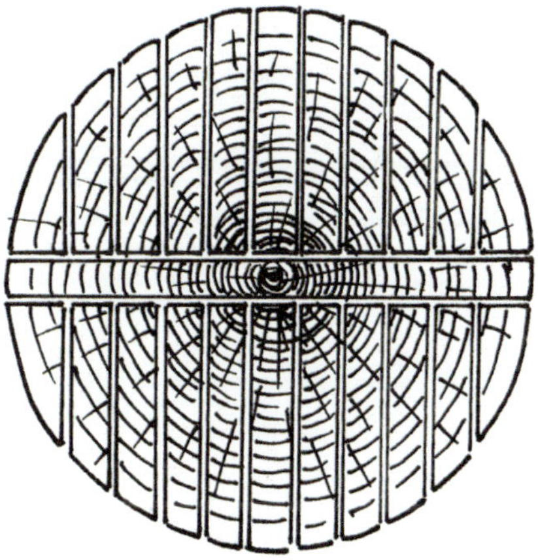

좁은 판재

건조법

자연건조법은 직사광선을 피하고 통풍과 배수가 잘 되는 곳에서 건조시키는 것을 말한다. 일반적으로 1~ 2년 정도의 건조시간과 넓은 공간이 필요하며 부패가 잘 되는 단점이 있는 반면 경비가 저렴하고 변형이 적어 목재의 질이 우수한 장점이 있다. 벌목된 둥근 원목은 통풍이 잘 되도록 엇갈려 쌓아야 하며 양 끝의 목구면이 갈라지지 않도록 오공본드와 같은 접착제를 바르거나 페인트칠 또는 종이를 발라 놓는다. 원목판재는 판재와 판재 사이에 변형방지를 위한 일정한 크기의 목재쐐기를 끼워 쌓아 올려야 한다.

인공건조법은 실내에서 열을 사용하여 건조하는 방법으로 시간과 건조정도를 조정하기 쉽지만 가격이 비싸며 변형이 잘 되는 단점을 가지고 있다. 종류에는 연기건조, 전기건조, 연소가스건조, 진공건조, 약품건조, 고주파건조, 열기건조법 등이 있다.

자연건조(유림목재)

원목의 종류

원목의 종류는 다양하며 크게, 침엽수재와 활엽수재로 나눌 수 있다.

침엽수는 대부분 바늘같이 뾰족한 잎을 지니며, 추위에 강하여 높은 지대에서 자라므로 시베리아와 캐나다 등지에 광대한 면적의 침엽수림이 있다. 종류는 활엽수에 비해 적으며, 잣나무, 소나무, 향나무, 삼나무 등이 있다. 국내에는 한라산, 지리산, 설악산, 덕유산 등 고산지대에 분포하며, 약 44종이 있다. 소나무는 전국에 퍼져 있는 중요한 침엽수이며, 향나무, 주목 등은 관상용으로 가꾸는 경향이 있다. 대부분의 국내산 침엽수는 나무의 지름이 작은 소경목이라 가구재료로는 사용되지 못하고 있으며, 피톤치드 효과가 있다는 편백나무나 삼나무도 수입에 의존하고 있는 상태이다.

활엽수는 상록활엽수와 낙엽활엽수로 분류되며, 넓적한 잎을 가진 나무가 많다. 열대와 온대지방에 주로 분포하며, 떡갈나무, 뽕나무, 상수리나무, 오동나무 등이 있다.

가구제작에 많이 쓰이는 나무로는 느티나무, 은행나무, 마호가니(mahogany), 물푸레나무(ash), 밤나무, 오동나무, 참죽나무, 티크(teak), 편백, 호두나무(walnut), 미송 등이 있다.

느티나무(규목 : 槻木)

· 분포지역 : 한국·일본·몽골·중국·시베리아·유럽

· 특 징 : 습기 많은 땅에서 잘 자라며, 높이와 나무의 지름이 약 3m에 이른다. 색상은 황토 빛이며 나뭇결이 선명하여 아름답다. 접착성은 좋고 도장성은 보통이다. 단단하며, 광택이 우수하여 가구재나 목공예품을 비롯한 건축, 악기, 선박 등의 재료로도 쓰인다.

· 가 구 : 단단하고 목리가 아름다워 조선시대의 소반, 장, 농 등에 많이 쓰였다.

느티나무

느티나무 소반(1987)

은행나무

- 분포지역 : 한국·중국·일본
- 특 징 : 침엽수로 분류되며, 높이가 60m 정도로 자란다. 단단하여 흠이 잘 생기지 않으며, 음식냄새에도 벌레가 꼬이지 않아 예로부터 소반과 같은 밥상의 재료로 사용되었다. 도심의 가로수로 많이 심고 있으나, 직경이 굵은 나무가 드물어 가구재로 많이 사용되지 못하고 있다.
- 가 구 : 소반, 침대, 바둑판, 생활용품 등에 사용된다.

은행나무

은행나무 소반(19세기, 한국의 목가구)

마호가니(Mahogany)

· 분포지역 : 북아메리카의 남부와 인도 서부, 브라질, 중남미

· 특 징 : 높이가 약 30m이며, 나무의 지름이 약 2m에 이른다. 성장속도가 빠르고, 붉은 갈색을 띠며, 가공이 용이하다. 단단하며, 도장효과가 뛰어나고, 광택이 우수하다. 목리가 아름다워 티크와 함께 고급가구재로 손꼽히는데, 시간이 경과함에 따라 색이 변하는 것이 단점이다.

· 가 구 : 수입되는 고급가구재로 콘솔, 서랍장 등에 주로 사용된다.

마호가니

마호가니 의자(1775, 영국)

물푸레나무(Ash)

· 분포지역 : 유럽·미국

· 특 징 : 30m 높이까지 자라는 활엽수로 재질이 단단하고 결이 곧다. 황백색이며 목리가 거칠지만 착색과 도장이 용이하고, 접착성은 보통이다. 질겨서 공구의 손잡이나 합판제조에 주로 사용된다. 유럽산 애시가 미국산 애시보다 질기다. 휨가공성이 용이하여 테이블 상판 같은 판재 및 가구재로 사용된다.

· 가 구 : 단단하고 목리가 선명하여 테이블이나 거실장에 사용된다.

물푸레나무

우드워크 거실장(고덕산)

밤나무

· 분포지역 : 한국·일본·중국

· 특 징 : 높이는 약 30m이며, 나무의 지름도 2m 정도로 자라는 활엽수이다. 심·변재의 구분이 뚜렷하며, 결이 곧다. 수축과 흡수성이 작으며, 건조성과 휨가공성이 우수하다. 도장성은 양호하나 접착성은 보통이다. 조각이나 가구 및 건축재는 물론 버섯재배에도 사용된다.

· 가 구 : 목리가 뚜렷하고 단단하여 소품가구에 주로 사용된다.

밤나무

밤나무 장식장(2005, 문선옥)

오동나무

· 분포지역 : 한국·일본

· 특 징 : 높이는 약 20m이며, 지름은 0.8m 정도로 자라는 활엽수이다. 심·변재의 구분이 뚜렷하지 않으며, 결이 곧다. 수축 및 흡수성이 작으며, 휨가공성이 나쁘다. 접착성은 불량하나 건조성과 도장성이 우수하다.

오동나무는 밝은 크림색으로 중후한 느낌을 주기위해 낙동법을 사용한다. 뜨겁게 달군 인두로 표면을 태운 후 볏짚으로 문지르면 나이테와 나이테 사이의 연한 부분은 재가 되어 떨어지므로 나이테 부분만 선명해지면서 밖으로 도드라지고, 전체적으로 어두운 갈색이나 검은색을 띤다.

악기나 고급포장, 그리고 서랍 및 장롱을 비롯한 가구재로 쓰인다.

· 가 구 : 가벼워서 장롱과 같은 대가구나 서랍재로 사용된다.

오동나무

오동나무 책장(18세기, 한국의 목가구)

참죽나무

· 분포지역 : 한국·중국

· 특 징 : 높이가 20m까지 자라는 활엽수로 결이 곧고 단단하다. 수축 및 흡수성이 작으며, 휨가공성이 양호하다. 도장성은 우수하나 접착성은 보통이다. 고급장식이나 조각, 불교용품을 비롯한 가구 및 건축재로 사용된다.

· 가 구 : 단단하고 목리가 뚜렷하여 테이블, 거실장, 콘솔 등에 사용된다.

참죽나무

참죽나무 콘솔(2008)

티크(Teak)

- 분포지역 : 인도·미얀마·대만·인도네시아
- 특 징 : 높이는 약 30m 정도까지 자라며, 나무의 지름도 2.5m 정도로 크다. 처음 가공 시에는 짙은 노란색이며 점차 갈색으로 변한다. 목리가 조밀하며, 정교하고, 방향성 향기가 나서 주로 고급 가구에 쓰인다. 수축률이 적고 가공하기 쉬우며, 강도가 강해 구조용재로서의 효율이 높다. 금속과의 접촉시 부식이 없어 선박재로도 많이 쓰이며, 표면에 기름기가 많아 접착제를 바를 경우에는 기름을 제거해야 하는 번거로움이 있다.
- 가 구 : 고급가구재로 장롱이나 화장대, 콘솔 등에 사용된다.

티크

티크 고비(1991)

편백나무(히노끼)

· 분포지역 : 한국·일본

· 특 징 : 노송나무라고도 하며 40m 높이에 지름 2m까지 자라는 침엽수이다. 연륜이 뚜렷하며, 결이 곧다. 건조성이 좋으며, 접착성 및 도장성은 보통이다. 피톤치드가 방출되며, 향기에 테라피 효과가 있어 아토피 피부염을 가진 어린이 가구재로 많이 사용된다. 피톤치드 방출을 위하여 표면에 코팅도장은 하지 않으며, 원자재 그대로 판매하거나 피톤치드 오일도장을 한다.

· 가 구 : 어린이 가구 및 침대, 책장에 주로 사용되며, 습기에 강해 욕조 재료로도 쓰인다.

편백나무

편백 티테이블(2010)

호두나무(Walnut)

· 분포지역 : 한국·중국

· 특 징 : 밝은 회갈색에서 어두운 갈색까지 다양하며, 심재와 변재의 구분이 명확하다. 연륜계는 불분명하며, 조직이 거칠고, 내구성 및 약제 주입성이 불량하다. 광택이 강하며, 가볍다. 가공과 도장성은 보통이며, 접착성은 우수하다. 주로 고급가구, 건축내장재, 기계, 운동구, 악기 등에 사용된다.

· 가 구 : 목리가 아름다워 서랍장, 티테이블 등의 고급가구재로 사용된다.

호두나무

호두나무 무늬목 책장(2005)

소나무

· 분포지역 : 한국·일본·중국

· 특 징 : 목리가 뚜렷하고 심재와 변재의 구분도 명확하다. 가볍고 인장강도가 약하나 도장성과 접착력은 강하다. 파티클보드 제작에 용이하여 집성목에 많이 쓰이며, 건축내장재와 포장, 가구, 합판제작에 주로 사용된다.

· 가 구 : 잣나무인 홍송과 북아메리카에서 생산되는 더글러스 소나무인 미송이 가구제작에 주로 사용되며, 목리가 아름답고 가공이 용이하여 DIY가구 및 어린이용 가구재료로 사용된다.

소나무

홍송 목마(1992)

원목 조립기법

원목의 조립기법은 크게 맞춤, 짜임, 이음으로 알려져 있다. 맞춤과 짜임은 의미 구분 없이 혼동되어 사용되나 이음은 한쪽 방향 또는 길이 방향으로 이을 때 사용하는 것으로 그 뜻이 분명하다. 영어에서는 조인트(joint)로 위의 세 용어를 포괄할 수 있으므로 여기에서는 맞춤과 짜임을 같이 정리하고, 이음만 따로 분류하고자 한다.

맞춤 또는 짜임

이음이 주로 판재와 판재를 나란히 잇는다면 맞춤은 직각 또는 경사지게 짜맞추는 방법이다. 기둥과 기둥 또는 기둥과 선반 등 가구의 코너 부분에 많이 사용되며, 특히 탁자의 상판과 다리를 접합하는 모서리에 적용한다. 제몸에서 만들어진 촉으로 조립되는 경우와 상판과 다리 이외에 다른 조각의 촉이 결합되는 경우가 있다.

서안(書案)

조선시대에 글을 읽거나 글씨를 쓰는데 사용했던 가구로 궤안(机案)과 경상(經床)으로 분류된다.

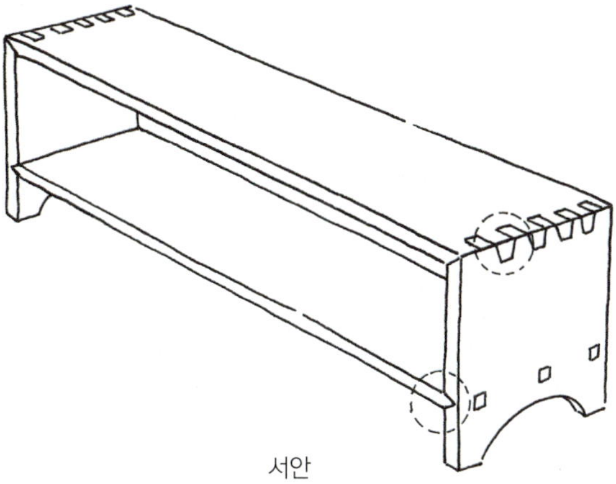

서안

■사개맞춤(사개물림)

차탁자의 모서리나 상자의 귀퉁이를 조립할 때 쓰이는 방법으로 여러 개의 장부를 만들어 서로 깍지를 끼듯이 엇갈리게 한 것이다. 튼튼하고 밖으로 드러나는 모양이 아름다워 조선시대에는 서안에 주로 사용하였으나 현재에는 테이블, 상자 등 다양하게 사용되는 기법이다.

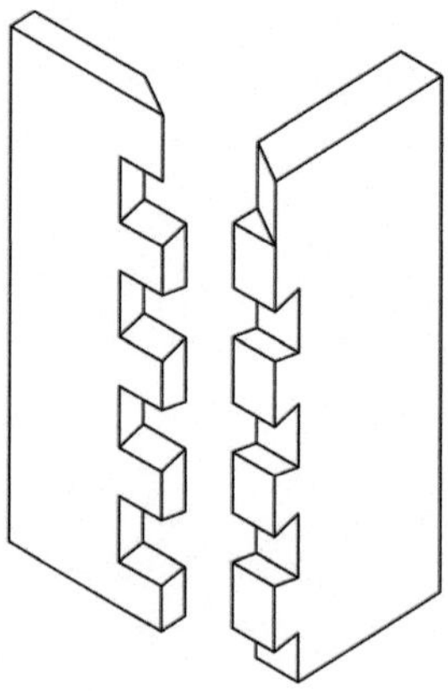

사개맞춤

■막장부촉맞짜임

장부촉은 이음이나 짜임시 구멍에 끼우려고 만든 장부를 말하며, 종류에는 막장부촉, 숨은장부촉, 턱장부촉, 쌍촉 등이 있다. 기둥에 직교되는 판재를 맞출 때 주로 사용되며, 장부를 맞추는 구멍이 뚫려 있어 장부가 밖으로 보이는 경우가 많다.

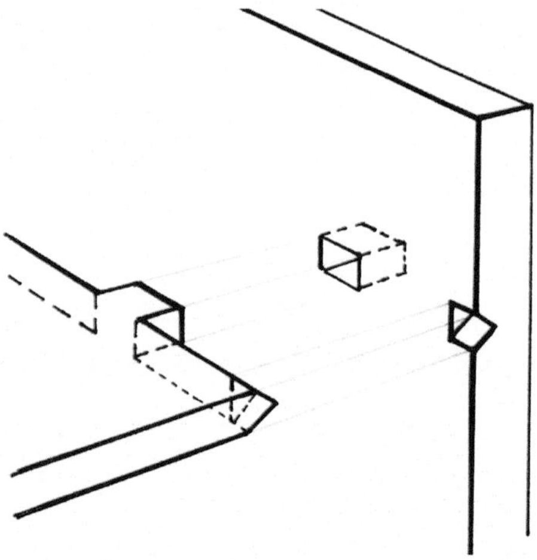

막장부촉맞짜임

3층 탁자

현대의 탁자는 물건을 올려 놓을 수 있으며, 단층으로 된 책상이나 테이블 같은 형태의 가구를 총칭한다. 그러나 조선시대에는 물건이나 책을 올려놓을 수 있으면서 단층이 아니라 층으로 쌓아져 높이가 높은 것이 특징이다.

■연귀숨은촉짜임

연귀맞춤은 액자틀이나 상자의 모서리를 45°로 깎고 양쪽을 맞대어 결합하는 것으로 제작이 어렵지만 아름답기 때문에 고급가구나 창호에 사용된다. 연귀맞춤의 종류에는 반연귀, 안촉연귀, 밖촉연귀, 딴혀연귀 등이 있으며, 3층 탁자의 기둥과 선반의 틀을 결합할 때 사용되었다.

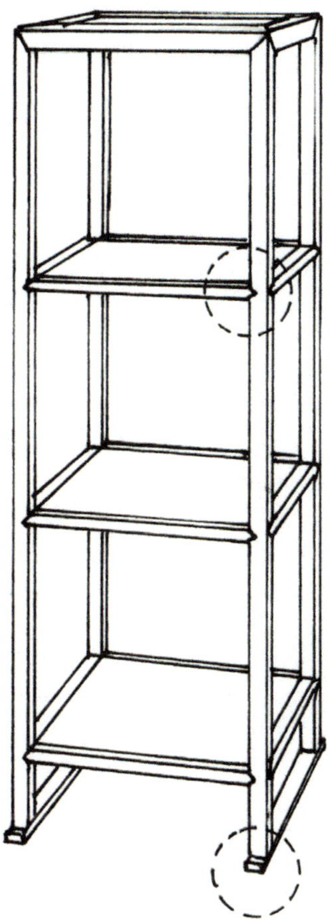

3층 탁자

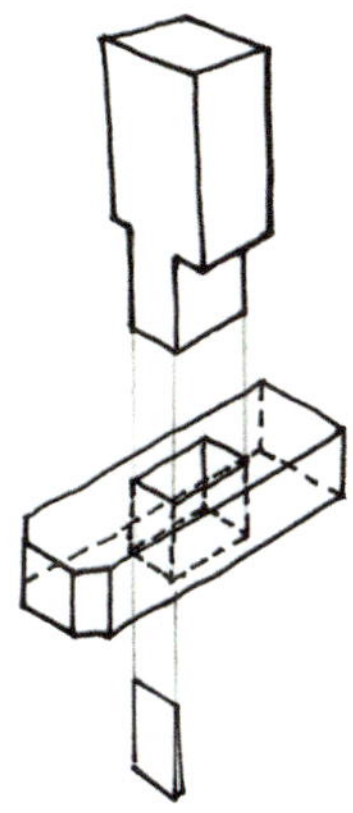

막장부촉맞짜임

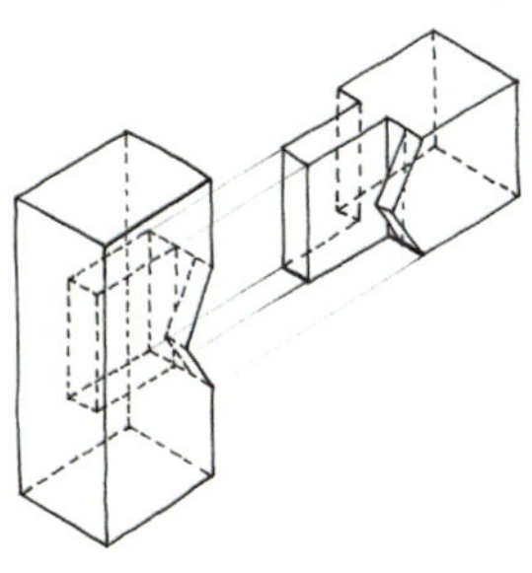

연속숨은촉짜임

찬장

부엌에서 사용하는 집기나 그릇, 음식을 넣어두는 장으로 일반적으로 2층으로 되어 있다. 여기에서는 사개맞춤, 막장부촉맞짜임, 연귀촉짜임이 사용되었다

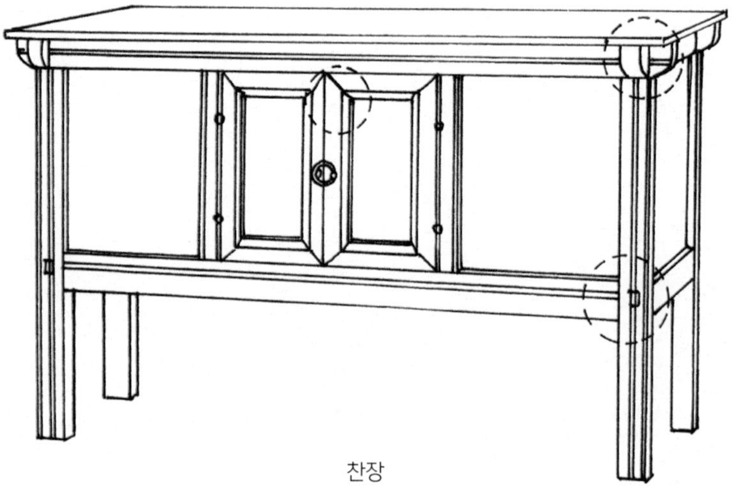

찬장

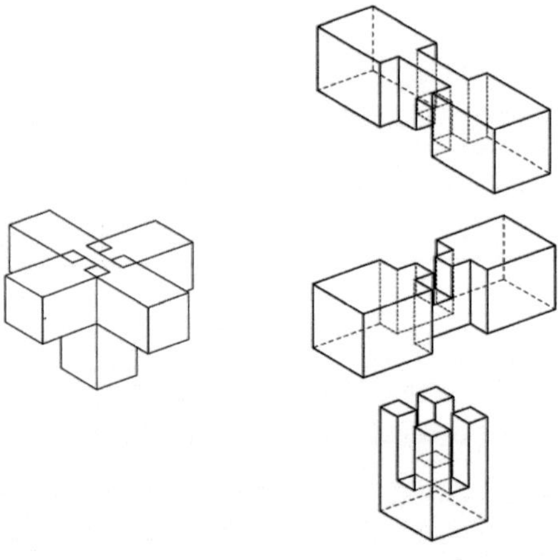

사개맞춤

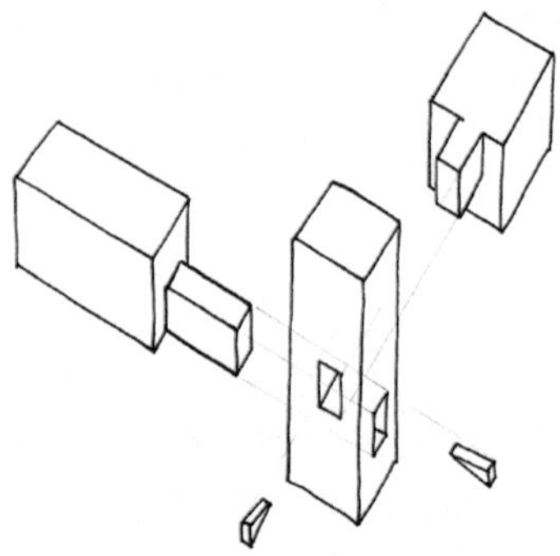

막장부촉맞짜임

기 타

■반턱맞춤

각각의 목재를 반턱씩 따내어 포개면 높이가 같아 턱이 없이 수평을 이루어 편편하다.

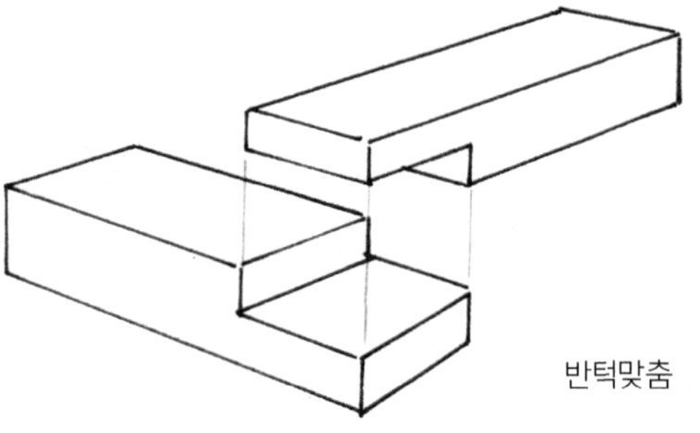

반턱맞춤

■T자형 반턱맞춤

반턱맞춤의 변형으로 알파벳 T자와 형태가 유사하여 붙여진 이름이다.

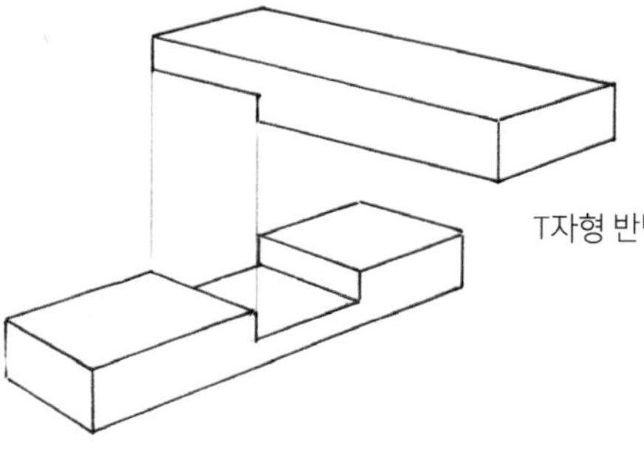

T자형 반턱맞춤

■주먹장 반턱맞춤

반턱맞춤의 변형으로 반턱의 모양이 주먹장과 같아 붙여진 이름이다.

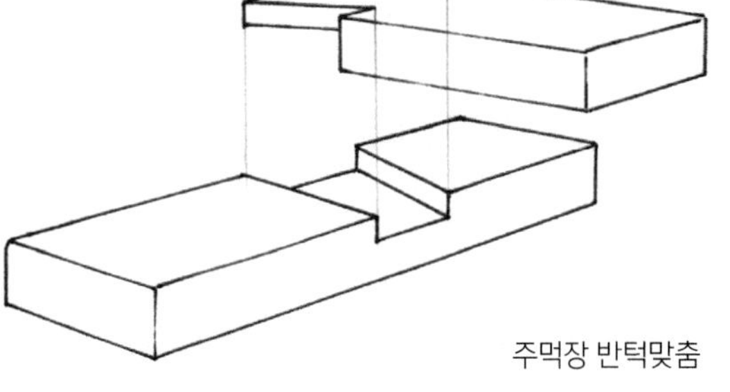

주먹장 반턱맞춤

이음

이음은 목재를 길이방향이나 나뭇결이 나란히 되도록 결합한 것을 말하며, 여러 쪽으로 된 마룻바닥과 같은 집성목도 이음에 의해 제작된 것이다. 목재를 서로 이을 때는 붙인 후 다음과 같이 건조에 의한 수축현상을 고려해야 한다. 수심 부분끼리 맞대고, 변재끼리 맞대어 4조각이 이어질 때는 변재 부분의 변형률이 크므로 판의 위, 아래가 수평을 이루지 못한다.

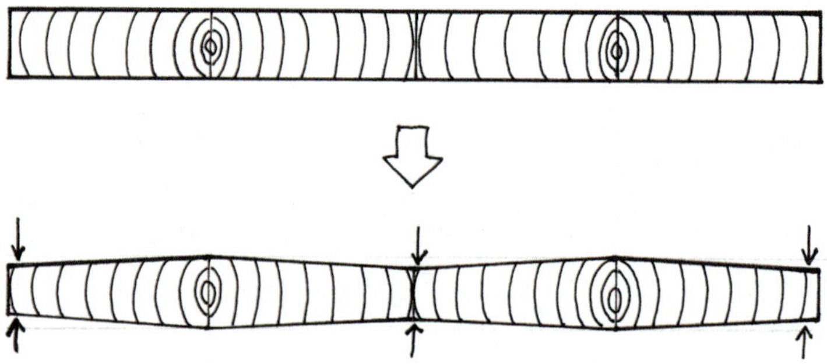

이음과 수축1

또한 수심이 위로 올라가게 하여 측면끼리 붙일 때는 다음과 같은 현상으로 판의 수평을 이루기가 어렵다.

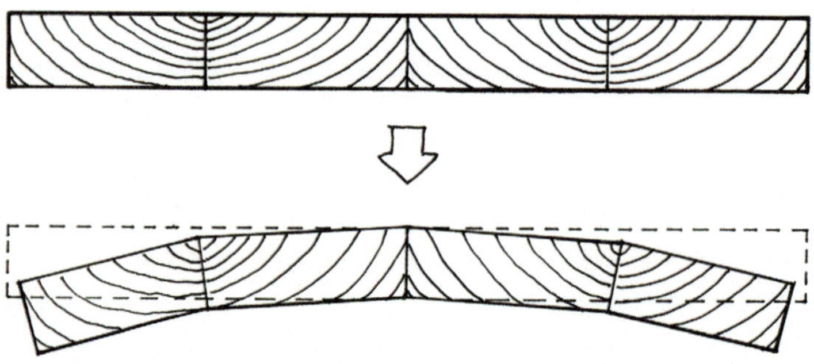

이음과 수축2

이음의 종류

■맞이음

붙이는 면이 수직이 되도록 두 개의 목재를 맞대어 붙이는 방법이다.

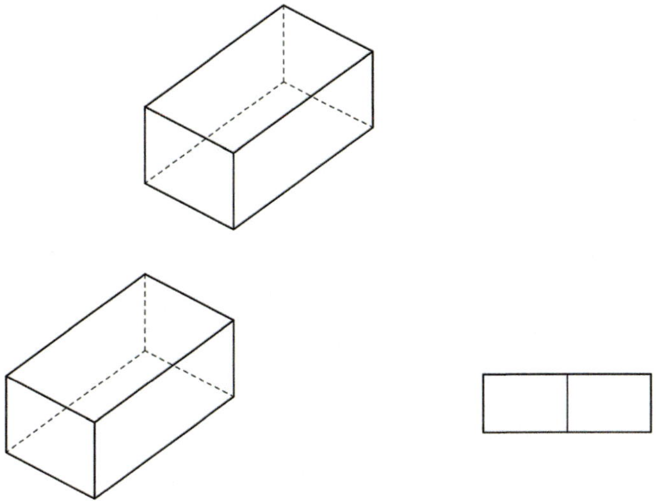

■빗이음

맞대어 붙는 면이 사선으로 경사져서 빗이음이라고 한다.

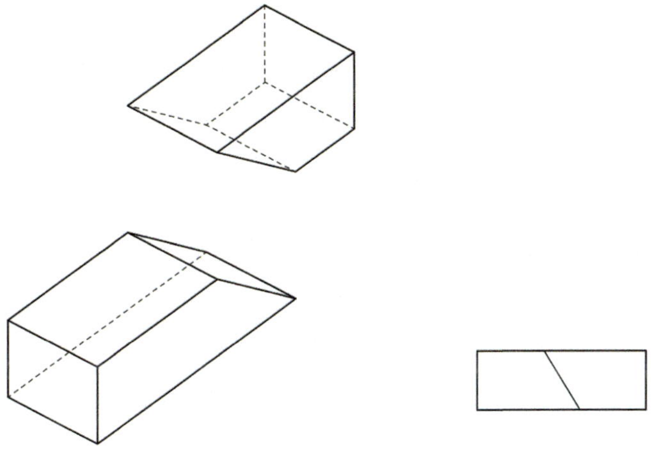

■반턱이음

사모턱 이음과 같은 말이며, 양쪽 목재의 반씩을 따내어 잇는 방법이다.

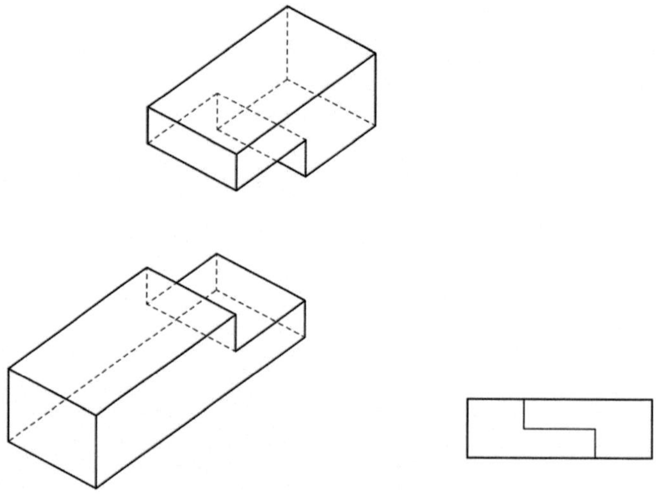

■오늬쪽매

화살을 활시위에 낄 수 있도록 파낸 부분을 오늬라고 하며, 이 모양과 비슷하여 오늬쪽매라 한다.

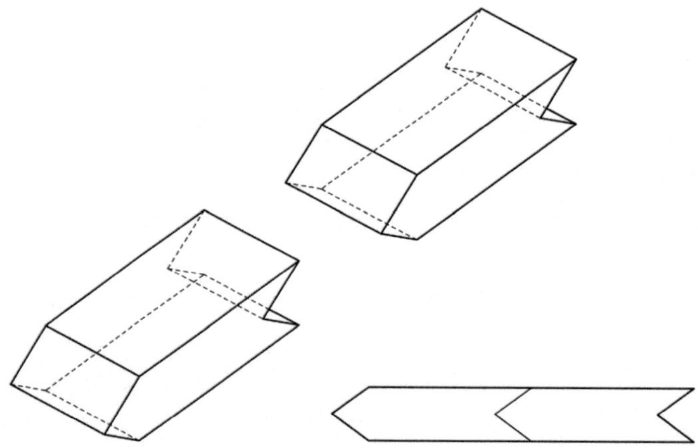

■제혀쪽매

허를 내민 형태와 흡사하며, 허를 다른 쪽 홈에 끼워놓는 방법이다. 밖으로 나온 혀가 몸통과 한 몸이다.

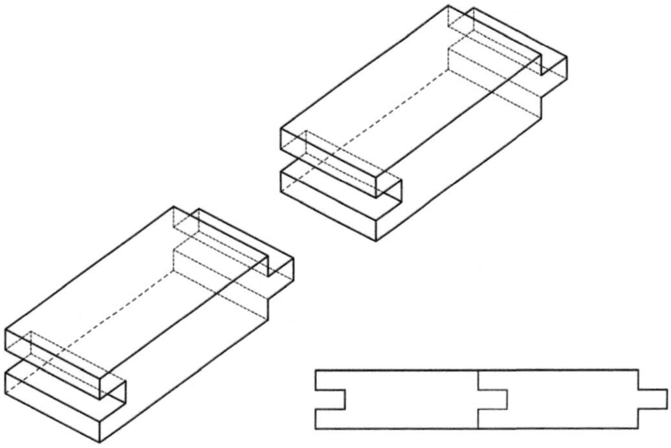

■딴혀쪽매

제혀쪽매와 다르게 혀가 몸통에서 나온 것이 아니라 다른 조각으로 되어 있다.

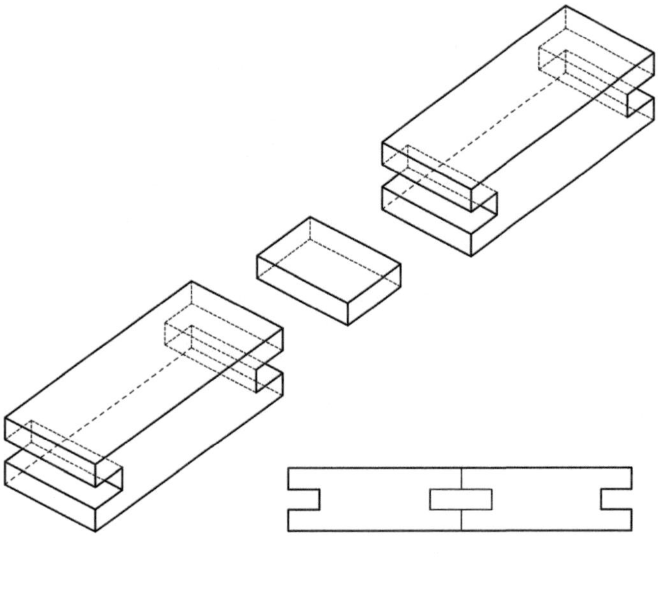

■나비장이음

나비모양의 장을 사용하여 두 개의 목재를 잇는 방법으로 다른 색상의 나비장을 만들어 장식적인 효과를 얻기도 한다.

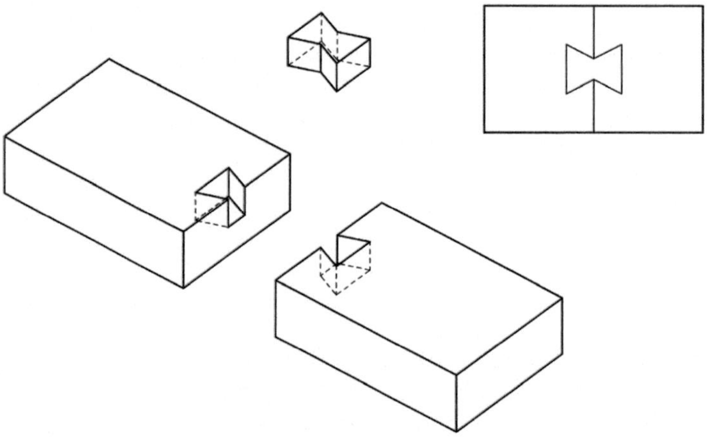

■띠열장이음

열장은 주먹장을 말하며, 이것이 띠처럼 두 개의 부재를 이어주는 것이다.

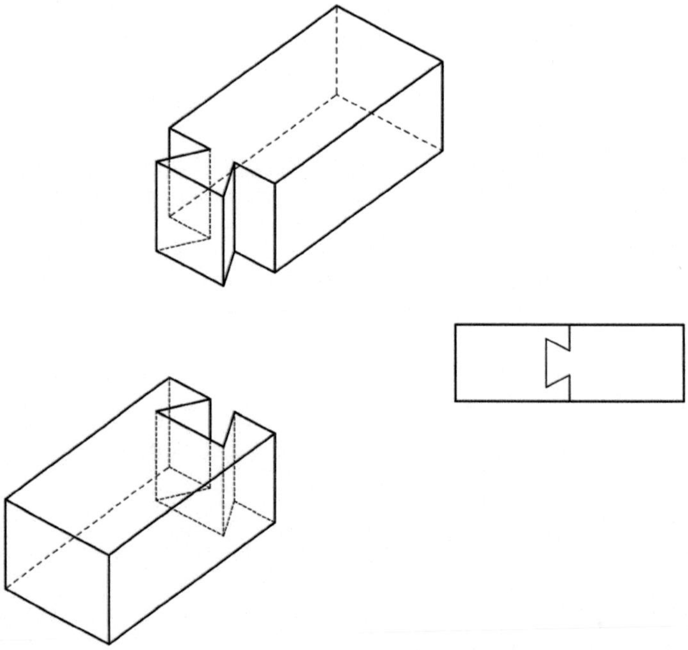

원목의 도장

조선시대의 가구는 모두 원목으로 제작되었기 때문에 도장도 대부분 옻칠이나 천연오일을 발라 마감하였다. 즉 근대의 원목가구나 공예품에는 식물에서 채취한 천연오일을 바르기 시작했으며, 현대의 대량생산되는 가구는 천연오일보다 가격이 저렴하고 작업이 용이한 래커 사용이 급증하였으나, 최근에 환경문제가 대두되면서 가정용 가구를 중심으로 천연오일을 선호하는 경향이 대두되고 있다.

천연오일

천연오일로 마감한 가구를 닦을 때는 마른 천으로 문지르거나 오일을 발라 문지르면 시간이 지날수록 목재의 색상이 진해져 자연미가 돋보인다. 또한 수축과 팽창이 일어나므로 목재가 살아 있다고 할 수 있다. 그러나 오일 가격이 비싸고, 가구 손질의 번거로움과 아파트의 난방문제로 인한 원목의 수축·팽창으로 고급가구에만 사용되고 있다. 원목을 천연오일로 마감하면 목재의 작은 긁힘이나 흠이 잘 보이므로 사포작업을 400방 이상 해야만 한다. 근대에는 옻칠, 동백기름, 식용류 등을 사용했으나 현대에는 각종 식물(송진, 오렌지 등)에서 채취한 성분으로 만든 오일이 독일을 비롯한 선진국에서 수입되고 있다.

옻칠

옻칠은 옻나무에서 채취한 수액을 이용하여 만든 천연도료로 생칠과 정제칠로 구분된다. 내구성이 강하고 습기는 흡수하거나 방출하여 가구는 물론 식기에도 사용되고 있으며, 더 자세한 것은 뒤의 표면처리장에서 설명하도록 하겠다.

래커(Lacquer)

용제 증발에 의해 도막이 형성되며, 투명한 것을 비롯하여 다양한 색상의 래커가 있다. 래커는 천연오일과 달리 목재의 표면이 거칠어도 흠이 잘 보이지 않아 사포작업을 320방 까지 해도 무방하다.

래커는 가구의 내구성 증진을 위해 표면에 바르는 도장의 일부로 건조시간이 짧고, 오래간다. 목재 표면에 영구적인 막을 형성하여 수축과 팽창이 일어나지 않으며, 내구성 및 경도가 우수하다. 가격은 저렴하지만 손때나 오염이 잘 되고, 목재의 색상이 변하지 않아 자연미가 떨어진다. 주로 가구 및 건축내장재에 사용하는데, 도료에서 나오는 유해물질로 인하여 아토피와 같은 피부병이나 환경문제로 기피하는 소비자가 늘어나고 있다.

우레탄(Urethane)도장

경화제를 섞어 바르므로 건조가 빠르며, 광택이 뛰어나다. 도장두께도 좋고 표면이 매끈하며, 열에도 강하여 연화 및 녹아서 달라붙는 일이 적다. 스크래치 및 오염이 덜 되고, 강도가 강하나 가격이 비싼 것이 단점이다. 우레탄도장에는 유변성형, 습기경화형, 그리고 2액형이 있는데, 가구에 쓰이는 것은 2액형 우레탄이다. 이것은 두 가지 용액을 혼합한 것으로 부착성과 광택이 우수하지만 가격이 비싸다. 탁자나 가구의 문짝 또는 자동차나 건물의 옥상에 방수를 위한 우레탄도장 처리를 한다.

스테인(Stain)

나무의 결을 그대로 보이도록 하는 투명 착색제로 나뭇결이 선명해지는 효과가 있다. 물로 희석하는 수성스테인은 침투성이 약하고, 건조속도가 빨라 도장 단계에서 발생하는 문제점을 수정하기 어렵다. 도료가 번질 염려가 적고, 주로 밝은 나무에 진한 색으로 착색하여 고급스럽게 연출할 때 사용한다. 유성스테인은 수성스테인과 달리 건조시간이 길며, 침투성이 좋다. 도료가 번질 우려가 있고, 흠집이 잘 보이므로 연마작업을 꼼꼼하게 해야 한다.

무늬목

무늬목은 18세기부터 널리 알려졌으며, 종류에는 천연무늬목과 인조무늬목이 있다.

천연무늬목(Natural Veneer)

천연무늬목은 통나무를 톱을 이용하여 균일하고 얇게 깎아 만든 것이다. 깎는 방법에는 나무의 길이방향으로 재단하는 평판절단, 결판절단, 정판절단 등이 있으며, 통나무를 돌려 깎는 회전식 절단이 있다. 주로 MDF나 합판과 같은 목질재료 표면에 붙여 원목의 느낌을 살릴 때 사용하는 판으로 0.3mm의 두께가 가구표면재의 기본규격이다. 천연무늬목은 습식과 건식으로 나누며, 습식무늬목은 포르말린으로 방부처리하여 유해물질 방출 논란이 일고 있다. 건식무늬목은 포르말린 처리를 안하고 자연건조한 것을 말한다.

천연무늬목의 취재법(取材法)

■4등분 취재법

둥근 원목을 4등분하여 칼날과 나이테가 90°가 되도록 깎아내며, 곧은결을 얻고자 할 때 사용한다.

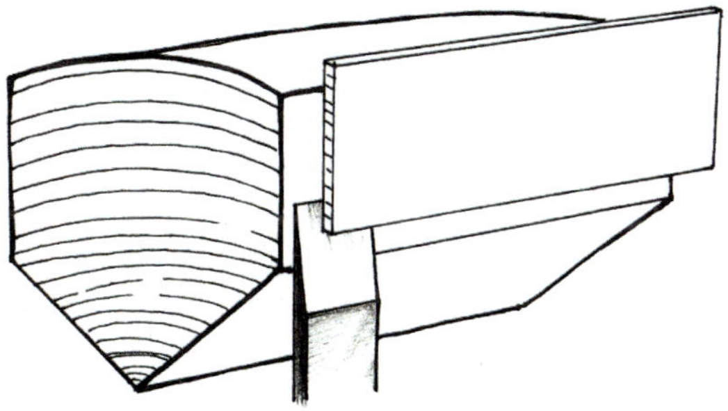

■1/4회전 취재법

둥근 원목을 4등분하여 칼날이 15°각도로 나이테쪽으로 기울게 깎아내는 방법으로 할렬이나 빗살무늬결을 얻을 수 있다.

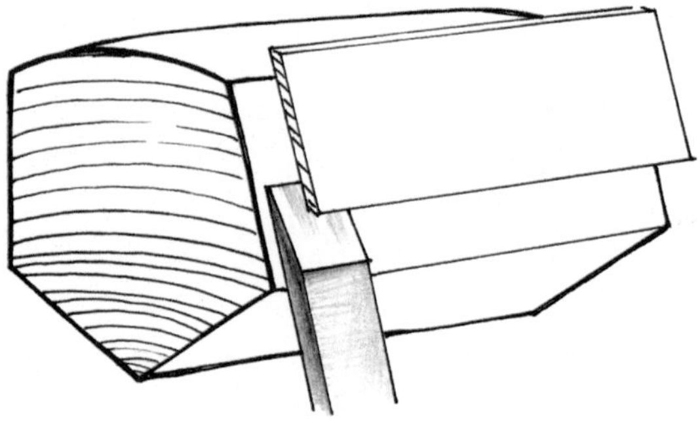

■회전 취재법

둥근 원목을 나이테방향으로 둥글게 회전하여 깎아 넓은 무늬목을 얻기 쉬우므로 대부분 이 방법을 사용하지만 수축·팽창으로 갈라지기 쉽다.

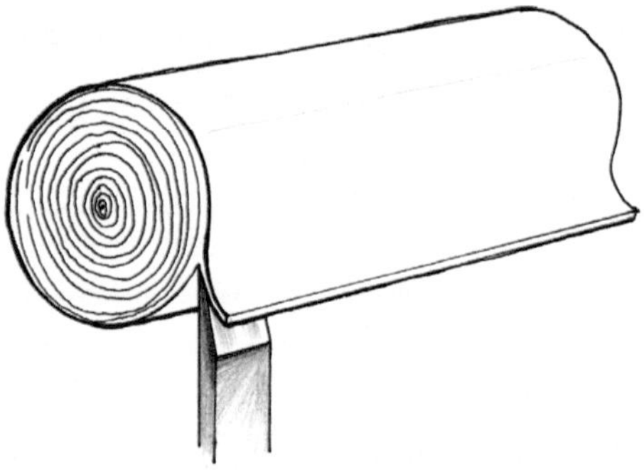

■판목 취재법

둥근 원목을 4등분하여 칼날이 나이테와 수평이 되도록 깎는 방법으로 곧은결과 널결의 혼합결이 얻어진다.

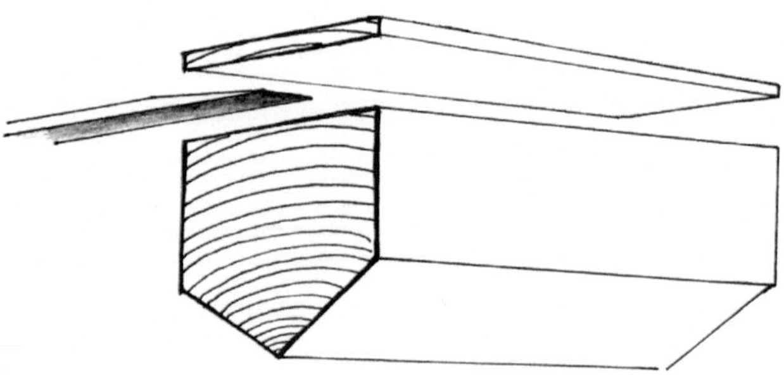

천연무늬목의 취재법(取材法)

둥근 원목을 4등분하여 칼날이 나이테가 돌아가는 회전방향으로 깎아가는 방법으로 회전과 판목 취재법이 혼합된 형태이다.

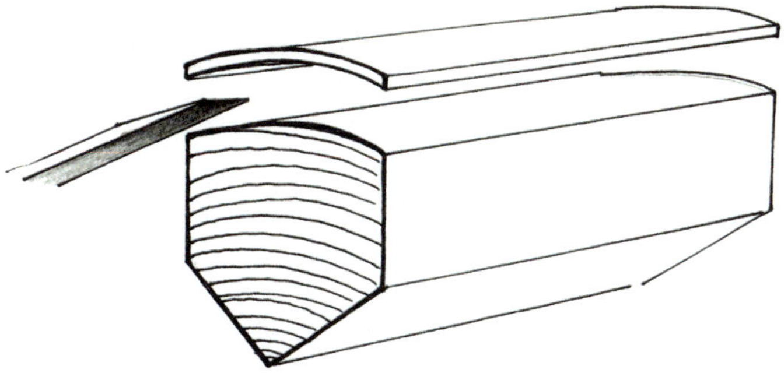

■ 목리방향 취재법

칼날을 고정시켜 놓고 원목을 수평으로 통과시켜 깎는 방법이다

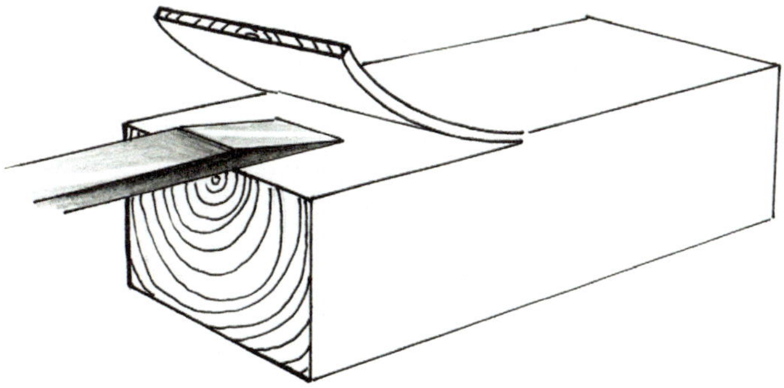

천연무늬목의 종류

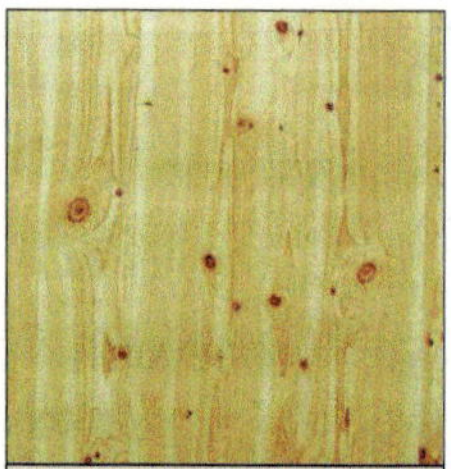
단풍나무

참죽나무

미송

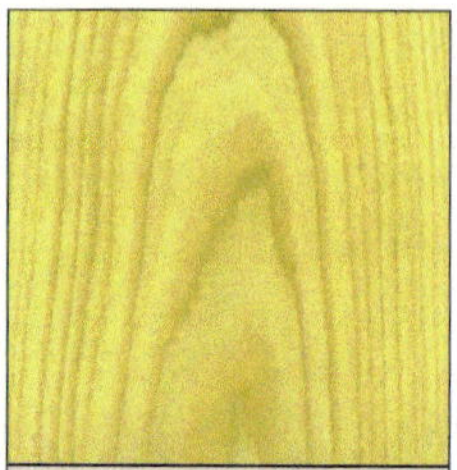
느릅나무

호두나무

가링

장미목

흑단

■ 천연무늬목의 특징

- 나뭇결이 자연스럽고 아름답다.
- 수종에 따라 색상과 목리가 다양하다.
- 가구의 대량생산이 어렵다.
- 수종에 따라 얻을 수 있는 무늬목의 양이 달라 가격이 비싸다.

인조무늬목

무늬를 폴리비닐 종류로 만든 것으로 나무재질을 인쇄한 것이다. 천연무늬목의 단점을 보완하여 인공적으로 만들었기 때문에 자연미가 적지만 저렴한 가격으로 인하여 많이 애용하고 있다.

■인조무늬목의 특징

· 쉽게 오염되지 않는다.

· 천연무늬목보다 가격이 저렴하다.

· 표면 무늬가 일정하여 대량생산에 용이하다.

· 자연스러움이 없다.

습식 무늬목바르기

습식 무늬목은 포르말린으로 방부 처리하여 사용하기 때문에 유해물질 방출로 인해 수요가 줄어들고 있다. 무늬목을 물에 담갔다가 MDF나 합판과 같이 표면이 아름답지 않은 목질재료에 오공본드를 바르고 다리미로 열을 가하여 접착하는 것으로 이것은 무늬목이 얇아 마감 후 갈라지는 단점이 있다. 무늬목은 건조가 되면 나뭇결 방향으로 갈라져서 붙이기 어려우므로 항상 축축한 상태로 보관해야 한다. 소량을 보관할 때는 일반적으로 신문지에 말아 습기 증발을 차단한다. 가격이 저렴하고 시설이 따로 필요 없이 수작업으로 접착이 가능하다.

· MDF로 백골을 만들 때 모서리가 마모되면 무늬목을 정밀하게 바르기 어려우므로 모서리의 각을 살리도록 한다. 흑단이나 장미목 또는 호두나무와 같이 진한 무늬목을 바를 경우에는 백골에 어두운 색의 스테인을 칠해 무늬목의 눈매 사이로 밝은 MDF색이 보이지 않도록 한다.

스테인 바르기

· 대야와 같은 넓은 그릇에 물을 넣고 무늬목을 담가둔다. 스프레이로 무늬목에 물을 뿌릴 때는 한 손으로 무늬목을 들고 물이 뚝뚝 떨어지도록 양면을 돌려가며 충분히 분사한다.

· 만들어 놓은 백골에 롤러를 사용하여 오공본드를 얇게 펴바른다. 접착제를 바를 때는 백골의 모서리를 주의 깊게 발라야 모서리 마무리가 정확하다.

· 물기 있는 무늬목을 접착제 위에 올려 붙인다. 무늬목을 올리기 전에 나뭇결의 방향과 제품의 특성이 맞도록 안배한다. 즉 원목의 느낌을 살려야 하기 때문에 원목으로 조립하는 것처럼 나뭇결을 배치해야 한다.

물뿌리기

접착제 바르기

· 무늬목 위로 올라오는 물기를 면이나 수건을 사용하여 제거한다.
· 빠른 시간에 접착시키기 위해 무늬목 위에 흰종이를 깔고 다리미로 다린다. 접착제가 너무 많거나 무늬목이 얇으면 무늬목 위로 접착제가 올라와 종이에 눌러 붙어 밝은색의 무늬목에 얼룩이 생길 수 있으므로 종이를 수시로 바꿔주어야 한다.
· 백골 밖으로 나온 무늬목을 칼로 잘라낸다.
· 백골을 돌려가며 남은 면에 모두 무늬목을 바른다.
· 마감도장 전에 무늬목의 눈매를 메꾸어 광택을 내기 위해 목공용 샌딩실러에 시너를 5:5로 섞어 붓이나 에어 브러시로 바른다.
· 칠이 마르면 220방 정도의 사포로 수평을 이루면서 칠을 벗겨낸다.
· 붓이나 에어 브러시로 벗겨진 칠먼지를 제거한 후 래커로 마무리 도장한다.

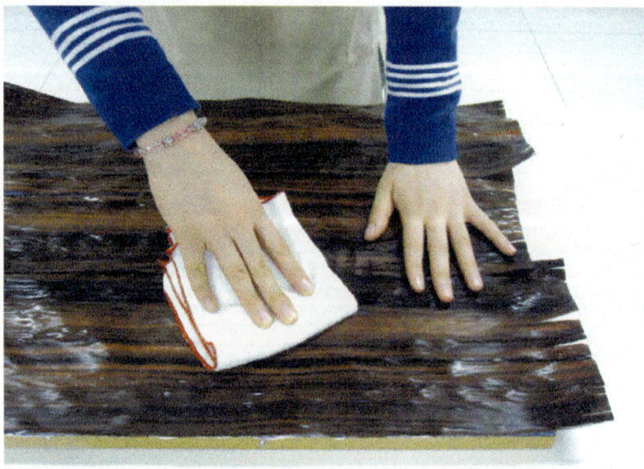

물 닦아내기

다림질하기

건식 무늬목 바르기

건식 무늬목은 건조기에서 건조시켜 접착제를 바르고 고온에서 프레스로 눌러 붙이는 것으로 고가의 설비가 필요하다. 무늬목의 두께가 두꺼워 원목에 더욱 가깝고, 갈라짐이나 변색이 적다. 가격이 비싸지만, 포르말린 처리를 하는 습식 무늬목이 환경문제로 수요가 줄면서 건식의 수요가 증가하고 있다.

염색무늬목(Dyed Veneer)

천연무늬목을 화학처리하여 탈색한 후 여러 가지 색상을 무늬목에 염색한 것을 말한다. 수입에 의존하고 있어 가격이 비싸므로 고급가구에 사용한다.

염색무늬목

■염색무늬목의 특징

- 같은 색상의 무늬목 생산이 용이하다.
- 천연무늬목에 없는 색상의 무늬목 생산이 가능하다.
- 가격이 비싸다.

토넷의 곡목의자

미하엘 토넷(Michael Thonet : 1796~1871)은 독일의 라인강변에 있는 보파르트(Boppard)에서 태어났으며, 근대 가구디자인사에 가장 먼저 거론되는 역사적인 인물이다. 당시의 보파르트에는 강변에서 자라나는 풍부한 서양너도밤나무로 인하여 소목장들이 많았으나, 토넷의 아버지는 무두장이로 가정형편이 좋지 못했다. 토넷은 소목장에서 수련을 마치고 독립하여 직접 운영하게 되며, 코블렌츠 전시회에 그의 독자적인 가구를 선보이면서 주목을 받았다. 이 전시회를 본 지인의 도움으로 오스트리아 빈으로 이주하여 리히텐슈타인궁전의 가구제작을 맡으면서 그의 기술은 점차 세상에 알려지게 된다.

토넷의 업적으로 거론되고 그를 세계적인 스타로 만든 것은 나무를 구부리는 곡목기술이다. 당시에는 이 기술과 유사한 방법들이 다른 사람들에 의해 연구되었으나, 토넷은 처음으로 시작되었던 특허제도를 활용하여 기술을 독점하게 되었으며, 이것은 토넷사가 거대한 기업으로 성장하는데 기초가 되었다. 그의 두 번째 업적은 가구 역사 최초로 대량생산 가구를 만든 것이며, 세 번째로는'디자인'이라는 단어가 생성되기 전에 만든 가구가 약 170년이 지난 현재에도 같은 형태로 계속해서 팔려 나간다는 점에서 현대디자인 개념을 앞서 실현한 예술가라는 점이다.

토넷 초기사업장

곡목기술

■ 곡목기술에 의한 의자제작 방법은 다음과 같다.

- 곧은 서양너도밤나무 줄기를 대패를 이용하여 3x3cm 각재로 만든다.
- 각재를 원기둥모양으로 다듬어 하루 동안 물에 담가 놓는다.
- 필요한 길이로 절단하여 100℃ 이상의 수증기통에 넣고 1~2시간 찐다.
- 물렁해진 각재가 굳기 전에 원하는 형태로 만들어 놓은 금속틀에 끼워 넣는다.
- 처음에는 70℃에서 건조시킨 후 다시 35℃까지 건조하며, 시간은 약 20시간 정도가 소요된다.
- 건조되어 굳은 형태의 나무를 틀에서 빼내어 다듬는다.

쇠틀

제작과정

● 전통방법과 곡목기술의 차이점

	제작	조립
전통적인 방법	여러 조각의 목재가 아교로 접착됨.	나무촉, 제비장부촉
곡목기술	적은 수의 조각을 한 번에 구부리므로 아교가 필요 없어 사용시 분해소지가 적음.	금속나사

의자 14번

1859년에 만들어진 의자로 세계100대 명품의 하나로 손꼽힌다. 1862년 런던국제가구박람회에 출품되었으며, 40년간 전 세계적으로 4,500만 개나 팔렸다. 보통 120년된 잔가지 없이 곧게 뻗은 서양너도밤나무가 사용되었으며, 약 40%만이 가구제작에 쓰이고, 나머지는 필요한 땔감으로 사용되었다. 곡목기술에 의해 만들어졌으며, 해외수출을 위해 금속나사로 조립되는 조립식 의자이다. 등받이에서부터 흘러내려오는 뒷다리의 형태와 좌판의 디자인에 따라 여러 개의 시리즈로 제작되었다.

토넷사는 현재 독일의 프랑켄베르그(Frankenberg)에 본사를 두고 토넷의 증손자가 운영하고 있으며, 예전 같은 명성은 아니지만 해마다 국제박람회에 참가하여 곡목기술에 관련된 신제품을 선보이고 있다.

의자14

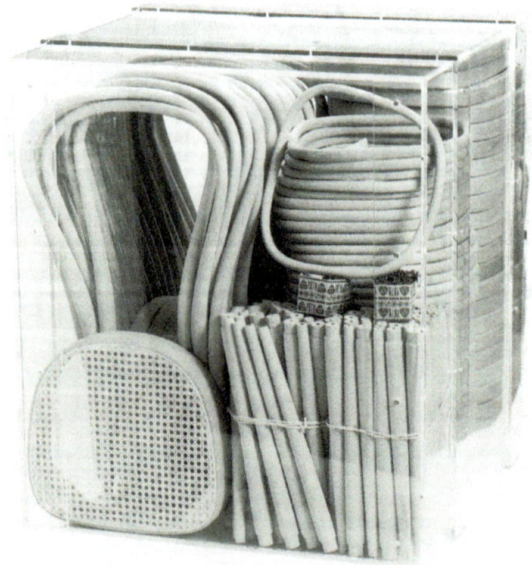

의자14 부품상자

스칸디나비아 가구

스칸디나비아는 북유럽의 덴마크, 노르웨이, 핀란드, 스웨덴, 아이슬란드를 묶어 일컬으며, 이 나라들은 지역적으로 가까이 있어 기후와 풍토가 비슷하다. 또한 정치, 경제, 사회, 문화적으로도 긴밀하게 연결되어 있는 만큼 민족적 특성도 유사하다. 휴머니즘에 뿌리를 둔 기능주의를 내세우는 스칸디나비아의 디자인은 1877년 미술·공예협회를 발족하면서 세계에 소개되기 시작하였다. 제2차 세계대전 이후부터 국제적인 주목을 받게 되었으며, 수공예에 뿌리를 두고 가구, 도자기, 조명, 섬유 부문이 발달되었다.

스칸디나비아 가구의 특징은 원목의 자연스런 무늬결과 가볍고 경쾌한 디자인이다. 이것은 스칸디나비아반도에 자라고 있는 풍부한 목재에 기인하며, 모두 밝은 색을 띠는데, 종류에는 너도밤나무, 자작나무, 유럽소나무, 떡갈나무, 서양물푸레나무 등이 있다. 즉 목재의 자연스런 아름다움과 수공예적인 표현을 조화시킨 휴머니즘 모던이라는 독특한 북유럽양식의 가구들을 탄생시킨 것이다. 여기에 대표적인 작가로는 브루노 마트슨, 한스 베그너, 안느 야콥슨, 알바 알토 등이 있다.

브루노 마트슨(Bruno Mathsson: 1907~1988, 스웨덴)

가구디자이너로 성형합판을 주로 사용하였다. 아버지의 목공소에서 가구 제작에 대한 기술을 익혔으며, 1930년경에 독립하여 활동하였다.

1934년 에바(Eva)의자를 디자인하는데, 기존의 의자와 전혀 다른 새로운 것으로 유기적인 디자인을 앞서 성취한 점에서 주목을 받게 된다. 등받이에서 좌판으로 이어지는 곡선과 팔걸이, 그리고 다리 또한 구부러진 목재로 부드러운 곡선처리가 돋보인다.

에바

한스 베그너(Hans J. Wegner: 1914~2007, 덴마크)

아버지가 운영하던 신발공방에서 기계와 공구를 다루는 법을 익히고, 형태감각을 키운 후, 가구제작소에서 소목장 교육을 받았다. 코펜하겐에서 예술가구의 마스터에게 교육을 받으면서 전통적인 덴마크양식의 대표적인 가구디자이너로 알려지게 된다. 안느 야콥슨(Arne Jacobsen)과 에릭 묄러(Erik Mueller)와 함께 건축사무소에서 근무했으며, 1943년부터 독립적인 건축사무실을 운영하였다. 또한 1946년부터 1954년까지 코펜하겐미술학교의 교수로 재직하였다.

■Y-Chair. 1950. 자작나무

등받이가 알파벳'Y'의 형상을 띠고 있는 와이 의자(Y-Chair)는 형태적 측면에서 중국양식의 영향을 보여주고 있다. 좌판을 갈대로 엮어 만들었던 당시의 경향과 달리 종이로 만든 노끈으로 좌판을 엮은 것은 그의 새로운 시도였다. 북유럽에서 많이 자라는 자작나무로 만들어진 이 의자는 북유럽의 대표적인 전통의자로 널리 알려졌다.

Y-Chair

02 목질재료

합판(PW, Plywood)

합판은 고대 이집트 왕국에서부터 유래를 찾을 수 있으며, 로마시대의 가구에서도 단판(베니어 : Veneer) 접착기술을 찾아 볼 수 있다. 원목의 단점을 보완한 재료로 가구, 건축, 선박, 악기재료로 널리 사용되며, 단판으로 구성된다. 특히 장롱의 문짝, 책장과 수납장의 뒤판과 같이 넓은 면을 비롯하여 의자의 좌판이나 등받이와 같이 곡면을 성형할 때 주로 사용된다. 목재를 얇게 켜서 나뭇결이 서로 다른 반대방향으로 놓은 다음, 접착제를 사용하여 붙인 판을 말한다. 앞·뒤판의 나무 무늬결을 같게 하기 위하여 3, 5, 7, 9와 같이 홀수로 접착되므로 3개의 단판으로 만들어진 것이 최소단위이다. 단판의 두께는 대부분 1~3mm이며, 그 중에서도 2mm가 가장 많이 쓰인다. 합판의 규격은 보통 1,200×2,400mm이며, 두께는 3, 6, 9, 12, 15mm~30mm까지 다양하다.

합판에 사용되는 목재로는 나왕, 자작나무, 밤나무, 참나무, 느티나무 등 활엽수가 많으며, 콘크리트 거푸집에 사용되는 합판은 침·활엽수의 복합이다. 단판을 붙이는 접착제의 종류에 따라 상온에서 압력을 가하거나 열압(熱壓)으로 만드는데, 합판의 질을 좌우하는 접착제는 카세인, 비스코스, 글루타민 등이 있으며, 열압에는 열경화성 요소수지나 석탄산수지가 사용된다.

합판의 종류는 용도에 따라 내수합판, 방화합판, 방충합판, 방부합판이 있으며, 가운데에 특수한 재료를 사용하여 두께가 두껍지만 무게는 가벼운 럼버코어합판(lumber core plywood), 허니코어합판(Honey core plywood), 파이버보드코어합판(Fiber bord core plywood) 등이 있다.

국내에서는 1930년대부터 합판이 사용되었으며, 광복 이후 건설경기에 힘입어 합판의 수요가 급증하였고, 1970년대를 정점으로 점차 감소하는 추세이다.

■합판의 특징

- 원목에 비하여 저렴하다.
- 원목에 나타나는 갈라짐, 옹이 등의 흠을 합판 제작과정에서 제거하거나 분산시키므로 합판을 낭비 없이 사용할 수 있어 재료활용도가 높다.
- 원목의 단판에서 나타나는 수축·팽창 및 비틀림이 거의 없어 치수 안정성이 크다.
- 곡면 가공이 용이하며, 갈라지지 않는다.
- 표면을 원하는 대로 가공할 수 있다. (컬러도장, 무늬목 접착 등)
- 원목과 달리 건조시간이 필요하지 않다.
- 열전도율이 작고, 단열성이 크다.
- 습기에 약하다.

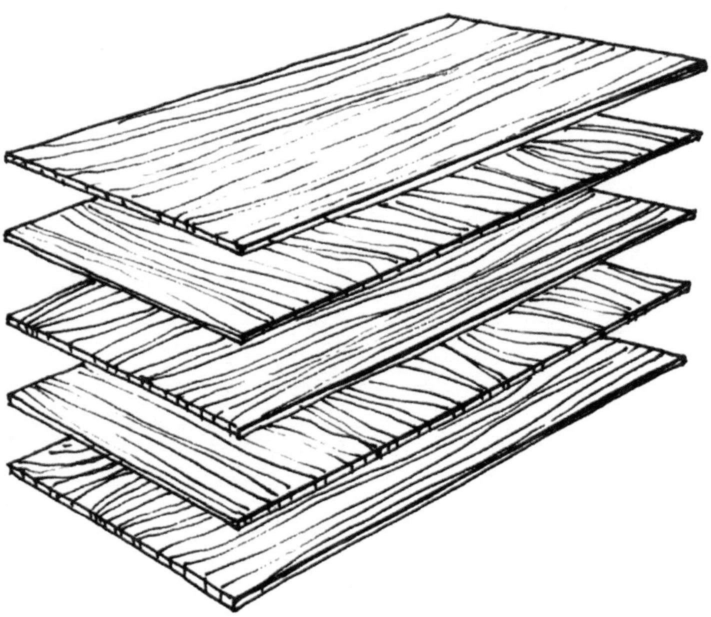

합판의 구조

■합판성형 과정

· 원하는 형태를 얻어내기 위하여 목재와 금속으로 금형틀을 제작한다.
· 금형틀 아래 판에 여러 장의 합판을 접착제로 발라 넣는다.
· 금형틀 위판을 덮고, 프레스로 누른다.
· 전기로 금형틀을 가열하여 접착시킨다.
· 틀에서 성형된 합판을 꺼내어 다듬는다.

합판금형틀

금형틀에 들어간 합판(대산코르보)

성형 후 마무리된 합판의자

알바 알토(Alvar Aalto: 1898~1976, 핀란드)

헬싱키 공업전문학교에서 건축을 전공했으며, 모더니즘을 대표하는 건축가 및 가구디자이너이다. 1946년부터 1948년까지 미국 매사추세츠공과대학교의 교수를 역임했으며, 1963년부터 1968까지 핀란드아카데미의 회장을 지냈다. 1976년 그의 얼굴이 새겨진 우표가 발행될 정도로 핀란드를 대표하는 디자이너로 손꼽힌다. 그의 가구는 바우하우스의 영향으로 주로 합판을 성형하여 대부분 대량 생산이 가능하도록 설계되었으며, 가볍고 견고하며, 단순한 것이 특징이다. 또한 재료로 목재를 주로 사용했으며, 곡선적인 형태를 선호하였다.

■파이미오(Paimio) 의자. 1930~1931. 자작나무합판

결핵요양소를 위한 의자로 환자들에게 금속보다 심리적으로 안정감을 주는 목재를 사용하였는데, 목재는 열전도율이 낮고, 빛을 반사시키지 않아 눈부시지 않으며, 소리를 흡수한다. 자작나무 합판을 성형한 후 래커도장을 한 이 의자는 팔걸이와 다리가 하나로 연결되었으며, 좌판과 등받이도 하나로 만들어져 구조 및 부품이 단순한 것이 특징이다.

파이미오

게릿 토마스 리트벨트(Gerrit Thomas Rietveld: 1888~1964, 네덜란드)

리트벨트는 유트레히트에서 태어났으며, 아버지의 가구공방에서 도제훈련을 받았다. 1911년에 독립된 가구공방을 설립하며, 1918년에 몬드리안과 반 되스부르크가 주축이 되어 결성한 데 스틸그룹에 가입한다. 신조형주의에 입각한 적청의자를 제작하면서 세계적으로 주목을 받게 되며, 기하학적 요소와 공간구성의 성격이 강한 건축물을 설계한다.

■적청의자: Roodblauwe stoel. 1918. 너도밤나무

두 장의 얇은 합판과 너도밤나무 각재로 구성된 이 의자는 나사로 조립된 후 컬러도장하였다. 당시의 가구들이 목재의 결을 최대한 살리는 경향에서 벗어나 신조형주의의 색채기준에 충실한 컬러도장을 시도한 것과 각재와 판재로 이루어진 의자의 구조가 가장 큰 특징이다. 이 의자는 바우하우스의 마르셀 브로이어에게 영향을 주어 비슷한 구조의 목재의자가 나오게 되며, 브로이어가 최초의 금속관 의자를 만드는데도 기초가 된다.

적청의자

집성목

일정한 규격의 여러 각재 원목에 접착력을 증강시키기 위하여 조각의 모퉁이를 톱니모양으로 만들어 붙여 만든 판이다. 옹이와 같은 원목의 흠을 제거하고 집성하여 외관이 원목에 가까우며, 침엽수와 활엽수 모두 제작이 가능하다. 구조용 집성목은 침엽수재를 사용하며, 강도나 내구성이 우수하여 실외용으로 쓰인다. 조작용 집성재는 화장용 얇은 판을 붙인 것과 제재판의 색과 목리를 조화롭게 집성한 것으로 나누어진다. 합판과 같이 규격은 보통 1,200×2,400mm이며, 두께는 12mm에서 33mm까지 다양하다. 주로 소나무, 단풍나무, 참나무, 자작나무, 고무나무 등으로 만들며, 학생용, 혼례용, 부엌가구, DIY가구에 사용된다.

■집성목의 특징

- 원목에 비하여 수축·팽창이 적다.
- 원목에 가까운 아름다운 외관을 지니지만 값은 저렴하다.
- 넓은 판재를 사용할 수 있어 재료 활용도가 높다.
- 여러 조각을 붙여 나뭇결이 일정하지 않다.
- 원목에 비해 강도가 약하므로 힘을 받는 가구제작에는 적합하지 않다.

집성목

집성과정

MDF(중밀도 섬유판: Medium Density Fiberboard)

합판이나 원목의 대체재료로 1960년대 중반에 개발되었다. 원목으로 사용하기 어려운 나무나 자투리 등의 식물을 먼지처럼 분쇄한 후 접착제를 혼합하여 열과 압력에 의해 판재로 만들어낸 목질재료를 말한다. 섬유로 구성되어 있으며, 가구내장재, 건축재로 쓰이는데, 특히 부엌가구, 가구의 모서리나 표면 가공을 하는 테이블 상판, 장롱 문짝, 서랍 앞면 등에 사용된다. 국내에서는 1986년에 처음으로 생산되어 현재까지 널리 사용되고 있으나 접착제에서 방출되는 포름알데히드라는 유해물질로 인하여 환경규제가 강화되고 있다. 즉 모든 가구재료는 친환경 재료인지를 구분하는 등급표시를 하고 있으며, SE0 등급은 포름알데히드 방출량이 0.3mg/L 이하이며, E0 등급은 0.3~0.5mg/L, E1 등급은 0.5~1.5mg/L, E2 등급은 1.5 ~ 5mg/L이다.

MDF는 밀도에 따라 천장과 차음판에 사용하는 저밀도, 가구나 내장용에 사용하는 중밀도, 마지막으로 가구나 차량내장재에 사용하는 고밀도 섬유판으로 나눈다. 규격은 보통 1,200×2,400mm로 합판과 동일하며, 두께는 3, 6, 9, 12, 15, 18mm 등이 있다.

MDF 표면처리방법

첫째, 도장처리 : MDF에 직접하는 도장이 있으나, 이것은 도료의 흡수율이 높아 재료의 손실이 크고 도막 생성이 어렵다.

둘째, 무늬목 : 원목의 질감을 살리기 위하여 천연이나 인조무늬목을 접착제를 이용하여 발라 사용한다. 무늬목의 특성상 도장이 필요하므로 래커 도장 마무리하는 것이 일반적이다.

셋째, LPM(Low Pressure Melamine impregnated paper) : LPM은 저압 멜라민 화장판으로 압착한 종이에 멜라민수지를 섞고 건조시켜 만든 성형용 수지 시트이다. LPM용 원지는 대부분 수입하며, 멜라민수지가 휘발성이므로 온도와 습도에 민감하다. HPM보다 얇으며, 접착제 없이 접착되고, 낮은 압력에서 접착 성형되는 것이 HPM과 다른 점이다. 표면재질이 우수하고 색상이 다양하다. HPM보다 저렴하며, 가공이 편리하다. 차갑고 미끄러운것이 단점이며, 수분에 대한 안정성이 높아 부엌가구를 비롯한 상판이나 측판의 표면에 사용된다.

넷째, HPM(High Pressure Melamine) : HPM은 멜라민을 종이, 헝겊, 금속 등의 장식 효과를 얻기 위하여 고압에서 가공하여 만든 고압 멜라민 화장판으로 5~8매의 함침지를 겹쳐 만든 것이다. 표면강도가 강하며, 외관이 아름답고 습기에 강하다. 세척이 용이하며, 곡면가공이 가능하다. 시공이 간편하며 균열이 없어 사무용 가구 및 부엌가구 등의 천판이나 문짝 등에 사용된다.

다섯째, 피니싱 포일(Finishing Foil). 이것은 모양지에 열경화성 수지를 함침 시킨 후 도장한 코팅지로 1970년대 유럽에서 개발되었다. 접착과 동시에 가공이 완료되어 도장이 필요 없으므로 가격이 저렴하다. 그러나 포름알데히드를 방출하는 주범인 요소계 접착제를 사용해야 하는 것이 단점이다. 곡면처리가 용이하며, 인쇄효과가 뛰어나 가구의 내·외장재에 사용된다.

피니싱 포일

■MDF의 특징

· 곡면 가공이 용이하다.

· 합판에 비하여 가격이 저렴하다.

· 목재의 나뭇결에 의해 생기는 방향성이 없다.

· MDF를 만드는 원료 선택폭이 파티클보드보다 넓으며, 강도가 강하다.

· 원목과 달리 건조시간이 필요하지 않다.

· 판 전체가 고르게 매끈하여 재료활용도가 높다.

· 조직이 치밀하여 가공성, 도장성, 접착성이 우수하다.

· 원목에서 나타나는 수축·팽창 및 비틀림이 거의 없다.

· 습기에 약하고 표면이 아름답지 않다.

· 원목이나 합판보다 나사못을 유지하는 힘이 약하다.

■MDF의 제작과정

· 침엽수칩을 스팀으로 3~5분 쪄낸다.

· 칩으로부터 섬유를 만든다.

· 잘게 만들어진 섬유를 접착제와 혼합하여 함수율이 10%가 될 때까지 건조기로 건조시킨다.

· 매트형태로 만들어 열압공정에 들어간다.

· 냉각시킨 후 연마 등의 마무리공정 후 재단한다.

테이블 상판의 구조

원목으로 만든 상판은 모서리를 각지거나 둥글게 마무리한다. MDF 상판은 모서리가 약하므로 원목이나 대리석을 붙여 마무리하거나 시트지를 상판 위부터 모서리까지 한 번에 싸서 처리한다.

라미네이트는 적층물(積層物)을 의미하며, 라미네이트 시트를 줄여 라미시트라고도 부른다. 합판, MDF, PB 등의 가구제작용 백골판재 위에 미적 효과와 표면을 보호하기 위해 제작된 얇고 단단한 수지계열 판을 라미네이트라고 한다.

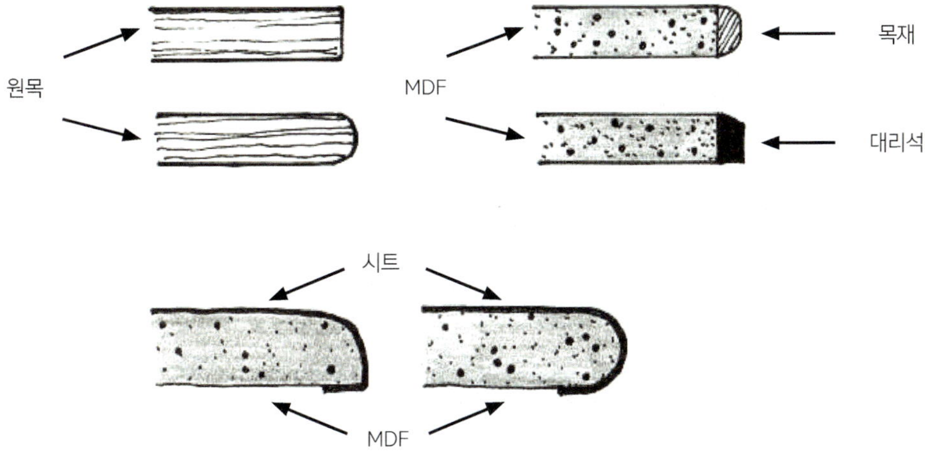

테이블상판 구조

엣지 바르기

파티클 보드(PB: Particle Board)

파티클보드는 쓸모 없는 나무조각이나 원목을 조각내어 접착제로 혼합하여 열압에 의해 판재로 굳혀 만든 것으로 원목의 나뭇결이 나타난다. 원목 대신에 대나무, 아마, 볏짚을 사용하기도 하며, 조각으로 구성된 것이 합판과 다른 점이다. 파티클 보드의 85% 이상이 가구에 사용되며, 특히 책장의 천판이나 측판, 장롱의 문짝에 사용되며 HPM이나 LPM으로 마감된다.

PB의 종류에는 휴지를 원료로 하여 만든 종이관·종이통 등의 칩 보드(chip board)를 비롯하여, 얇은 조각으로 만든 판상재료인 플레이크 보드(flake board)가 있다. 이 외에도 목재를 기계대패로 가공 할 때 파생되는 일정치 못한 치수의 목재조각인 셰이빙(Shaving)과 목재를 자를 때 나오는 다양한 크기의 톱밥도 있다. 파티클보드에 사용되는 목재는 저밀도 수종이며, 중밀도나 고밀도 수종으로 만들경우는 보드 무게가 무거워 시장성이 떨어지기 때문이다. 규격은 보통 1,200×2,400mm로 합판과 동일하며, 두께는 9, 12, 15, 18, 23, 25mm 등이 있다.

■PB의 특징

- 나사못 유지력이 우수하다.
- 가공성이 우수하며, 대량생산이 용이하다.
- 표면의 질이 일정하여 재료활용도가 높다.
- 원목과 달리 건조시간이 필요하지 않다.
- 목재, 합판, MDF에 비하여 가격이 저렴하다.
- 원목의 단판에서 나타나는 수축·팽창 및 비틀림이 거의 없다.
- 합판에 비하여 치수안정성이 떨어진다.

■파티클보드의 제조과정

· 목재의 껍질을 제거한 후 용도에 맞게 10~38mm 정도의 길이로 칩을 만든다. 칩(Chip)은 칼이나 망치에 의해 만들어진 나무조각을 말한다.

· 칩을 건조하여 바깥부분과 안쪽에 사용되는 것으로 크기를 고려하여 선별한다.

· 파티클에 접착제와 왁스를 도포한다.

· 파티클을 금속제 간판이나 벨트위에서 매트형태로 만든 뒤 열압기에 넣는다.

· 열압공정을 마친 후 냉각시키고, 연마공정 등의 마무리공정을 거친후 재단하여 파티클보드가 완성된다.

파티클 보드

03 금 속

금속은 일반적으로 차가우며, 단단하고 목재와 달리 결이 없는 재료로 건축이나 가구의 구조재는 물론 외관용으로도 사용된다. 대부분 무겁고 습기에 약하여 부식이 잘 되며, 용접이나 나사로 연결하는 조립방법이 쓰인다. 불에 강하고, 오염이 잘 되지 않으며 다른 재료와 조화가 잘 된다.

종류는 비중에 따라 경금속과 중금속으로 나누어지며, 합금에 따라 철합금, 비철합금으로 나누고, 금속의 가치에 따라서는 귀금속과 비금속으로 분류한다.

철

철은 제련에 따라 선철, 주철, 연철, 강철로 분류한다.

강철은 탄소가 0.035-1.70% 함유된 철로 탄소의 함유량에 따라 고탄소강, 중탄소강, 저탄소강으로 나뉜다. '강'은 탄소강을 의미하며, 다른 원소를 첨가하여 특수한 성질을 갖게 하는 합금강 또는 특수강을 만들기도 한다. 첨가원소로는 Ni, Mn, W, Cr, Mo, Co, U, Al 등이 있다.

- 고탄소강 : 탄소 함유량이 0.5% 이상을 함유한 강을 말하며, 칼, 공구, 피아노선 등에 이용
- 중탄소강 : 탄소 함유량이 0.2~0.45%를 함유한 강을 말하며 차량, 조선, 교량, 보일러 등에 사용
- 저탄소강 : 탄소 함유량이 0.12~0.2%를 함유한 연강을 말하며, 철사, 못, 양철, 함석 등에 이용

■철의 특징

· 열처리를 이용하면 강도나 인성이 높아진다.

· 가단성이 있다.

  - 가단성이란 고체가 외부에서 작용하는 힘에 의해 형태가 변하는 성질을 말하며, 철의 경우 가단성이 크면 프레스나 롤러와 같은 기계에 의해 눌려도 부러지지 않는다.

· 습기에 약하여 녹이 슬며, 무겁다.

· 분체도장(Powder Coating)은 합성수지를 가루로 만들어 금속 표면에 칠하고, 고온에서 녹이는 방법으로 가격이 비싸지만 잘 벗겨지지 않아 철의 녹스는 단점을 방지하므로 야외용 제품에 애용된다. 도료의 재사용이 가능하며, 도장작업이 간편하다.

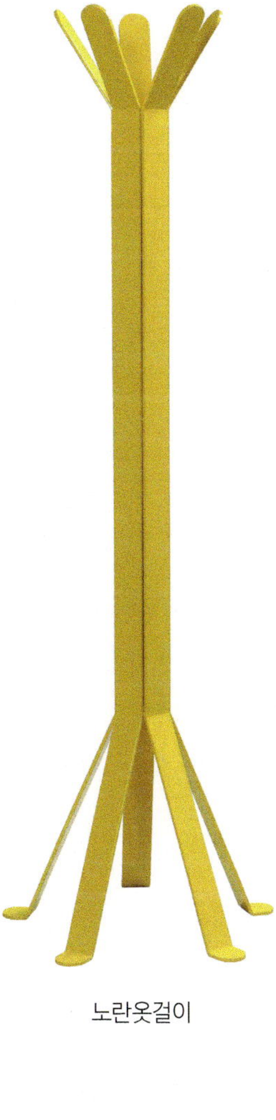

노란옷걸이

금속도장

스테인리스 스틸(Stainless Steel)

강철의 부식성을 개선하기 위하여 만들어진 것으로, 스테인리스강이라고도 부른다. 이것은 보통강에 최소 10.5% 이상의 크롬이 함유된 것으로 크롬 산화물이 스틸 표면의 부식뿐만 아니라 전체적인 구조에 부식이 확산되지 않도록 방지해준다. 표면처리는 고속회전연마기를 사용하여 광택을 내거나 헤어라인(Hair Line)으로 무광택처리한다. 주로 금속 식기용, 칼, 시계 케이스와 밴드, 보석, 차량용, 항공우주구조물, 하드웨어, 건축용에 사용된다. 종류에는 오스테나이트계, 페라이트계, 마르텐사이드계 등이 있다.

오스테나이트계

시장의 70%를 차지하며, 0.15%의 탄소, 16% 이하의 크롬과 망간이나 니켈이 들어가 있다. 18%의 크롬과 10%의 니켈이 들어간 것은 식기류에 주로 사용되며, 슈퍼오스테나이트계는 일반 오스테나이트계보다 염화물과 균열을 잘 견딘다. 의료기구, 건축, 자동차, 항공기, 치과용 재료 등에 사용된다.

페라이트계

오스테나이트계보다 기계가공이 용이하며, 낮은 크롬과 니켈함량 때문에 내구성은 떨어진다. 값이 싸며, 10.5에서 27% 정도의 크롬과 소량의 니켈을 섞는데, 경우에 따라 납을 섞기도 한다. 철선(wire), 봉, 관(pipe), 판, 밸브, 축(shaft), 톱니바퀴, 볼트, 가구의 하드웨어, 인테리어, 야외용 조각이나 주물로도 쓰인다.

마르텐사이드계

위 2개의 스테인리스강에 비해 부식저항력이 떨어지지만 단단하고 강하며, 또한 기계가공이 용이하며, 열가공으로 더 강해질 수 있다. 크롬(12~14%), 몰리브덴(0.2~1%), 탄소(약 0.1~1%)가 포함되며, 다른 스테인리스강과 달리 자성을 띤다. 항공기 동체에 주로 사용된다.

■스테인리스 스틸의 특징

- 가공성이 좋다.
- 제품의 보수, 유지, 관리가 쉽다.
- 열처리를 이용하면 강도나 내구력이 높아진다.
- 부식이나 침식을 잘 견디는 내식성(耐蝕性)이 좋다.
- 이슬, 비, 서리 등과 같은 외부 환경요인에 대항하여 색상과 광택이 변하지 않는 내후성(耐朽性)이 우수하다.
- 수명이 다할 때까지 환경에 맞게 다양한 등급과 외관을 만들 수 있다. 약 150개의 등급이 있으며, 이 중 15개는 비슷하다.
- 강철에 비하여 가격이 비싸다.

론 아라드(Ron Arad: 1951~, 이스라엘)

론 아라드는 런던에서 건축을 전공했으며, 건축가로 유명한 자하 하디드(Zaha Hadid)도 당시에 같이 수학하였다. 1989년에 Ron Arad Associates를 설립하여 알레시, 가구회사 아르테미데, 카르텔, 모로소, 비트라 등의 여러 회사와 일을 하게 된다.

■잘 단련된(Well Tempered), 1986

이 안락의자는 1mm의 스테인리스 스틸을 레이저 커팅기로 재단하고, 등받이, 팔걸이, 좌판의 덩어리를 나사로 조립하였다. 탄성으로 인해 안락감을 주며, 철의 표면은 반짝거리도록 스크래치로 마감하였다.

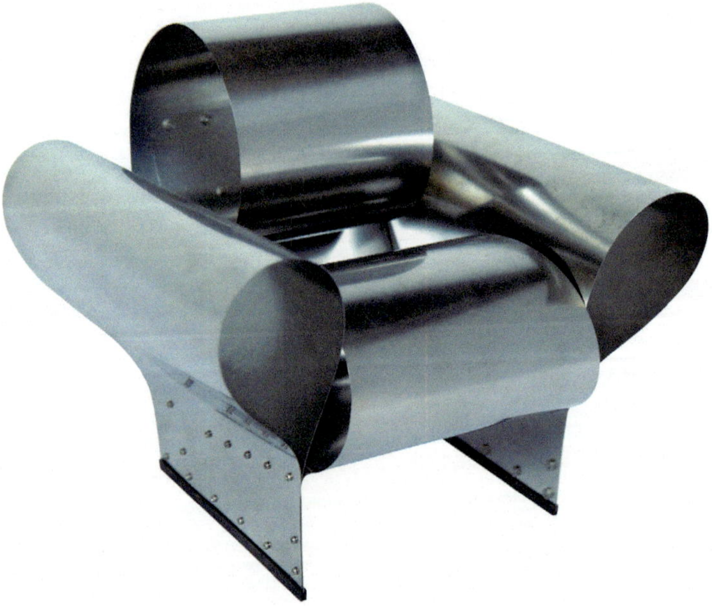

잘 단련된

알루미늄(Aluminum, Al)

알루미늄은 비철금속에 속하며, 규소 다음으로 지구상에 가장 많은 금속이다. 비중은 2.7로 강철의 1/3 수준으로 가볍고, 열전달은 철의 약 3배이다. 주조성 개선을 위해 구리, 아연 등의 금속과 합금하여 사용한다. 알루미늄에 합금한 종류는 구리, 마그네슘의 합금으로 비행기, 사출금형, 유리금형에 주로 사용되는 루랄미늄과 구리를 합금한 실루민, 그리고 구리, 규소의 합금인 라우탈이 있다.

알루미늄은 산화보호막을 형성하여 산화나 부식을 방지하고 인체에 해가 없기 때문에 식품공업 및 식기류, 판재, 박, 철사, 봉재, 선재, 관재 등에 이용된다. 특히 알루미늄 합금은 극저온에서도 인성을 잃지 않기 때문에 우주개발재, 냉동기 제조, 항공산업 등에 사용된다. 순도가 99.8% 이상일 때, 직사광의 90% 이상은 반사하며, 난방기 반사판, 적외선 건조 반사장치 등 여러 가지 형태의 반사경으로 사용된다.

수입에 의존하므로 환율변동에 따른 가격변동률이 큰 것이 단점이다.

■애노다이징(Anodizing)

알루미늄을 대기 중에 그대로 두면 산화되어 내구성이 떨어지고 표면도 더러워지기 때문에 애노다이징 처리를 한다. 애노다이징 피막은 착색이 가능하며, 투명과 반투명이 있다. 종류에는 황산법, 옥살산법, 크롬산법이 있으며, 건축과 제품 분야에서 주로 사용된다. 애노다이징으로 광택이 뛰어나게 하기 위해서는 순도가 높은 알루미늄을 사용하여 연마를 잘 하고, 깨끗한 전해액을 이용하며, 애노다이징 후에 코팅처리해야 한다.

■알루미늄의 특징

- 독성이 없다.
- 열전도성이 높으며, 전기의 양도체이다.
- 합금의 종류에 따라 강도를 조절할 수 있다.
- 가공성(압출가공 및 주조)이 뛰어나다.
- 저온특성을 가지고 있다.
- 용융점이 낮아 녹기 쉬우므로 재생이 용이하다.
- 다른 금속재료에 비해 상대적으로 가볍고 강하다.
- 은색으로 원재료의 표면도 아름다우며, 도장도 용이하다.
- 외부압력에 의해 파괴되지 않고, 늘어나는 연성이 뛰어나다.
- 용접이 어렵다.

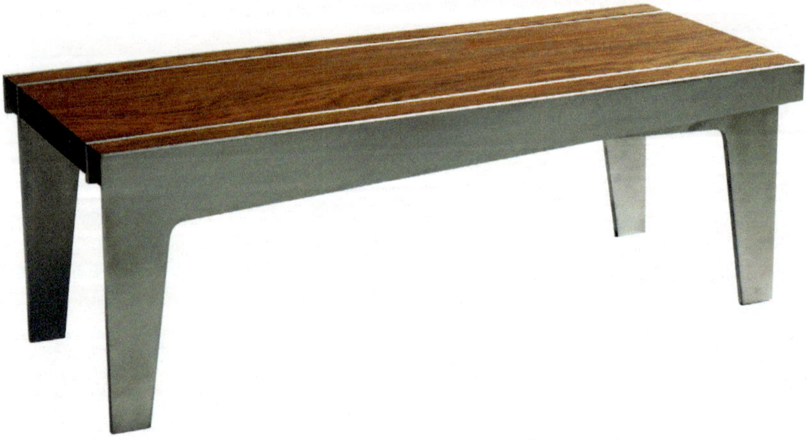

알루미늄 티테이블

황동(Brass)

아연과 구리의 합금으로 노란색을 띠며, 놋쇠라고도 한다. 1520년경 아연 원소가 발견되면서 인공적으로 제조되었으며, 구리보다 강도가 높고 가소성이 우수하여 판금이나 단조작업에 주된 재료로 사용된다. 아연의 양이 증가할수록 경도(硬度)와 강도가 높아지고, 색은 붉은 기에서 황색에 가깝게 변해 간다.

일반적으로 황동은 아연 30~40%가 들어 있는 것이며, 아연 30%의 것은 칠삼황동이라 하고, 40% 아연이 합금된 것은 사륙황동이라 한다. 칠삼황동은 판에서 따내어 만드는 것에 주로 사용되며, 동전도 여기에 속한다. 사륙황동은 건축에 관련된 쇠붙이 장식, 문의 손잡이 등에 사용된다. 20% 아연이 합금된 것은 서적의 금글자, 금색 인쇄에 사용되지만, 시간이 지나면서 검게 변한다. 악기, 공예품, 기계부품에 사용된다.

국내에서는 1970~1980년대까지 활발하게 사용되었으나 표면이 변색되는 단점 때문에 황동의 사용률이 줄어들면서 강철과 스테인리스 스틸의 사용비중이 증가하였다. 그러나 2020년부터 시작된 코로나19로 인하여 바이러스 항균성이 강한 동의 수요가 늘어나면서 가구의 손잡이, 다리 등의 부분적인 적용이 활발해지고 있다.

황동

금속 가공법

판금

프레스가공이라고도 하며, 금속판을 망치로 두드리거나 형틀에 넣어 가공하는 방법이다. 치수 정밀도가 우수하며 생산성이 좋아 자동차, 건축, 철재가구 제작에 사용된다.

단조

금속을 망치로 두들겨서 가공하는 것으로 단조 과정에서 금속의 전연성이 떨어지는 것을 방지하기 위하여 불에 달군다. 즉 대장간에서 낫이나 칼, 그리고 호미 등의 농기구를 만들 때 불에 달궈진 쇠를 쇠망치로 두드리는 방법으로 공예품제작에도 사용된다. 은, 황동, 연철 등을 가공할 때 사용하며, 열을 가하여 가공하는 열간단조와 열을 가하지 않는 냉간단조가 있다.

불에 달구기

망치로 두드리기

주조

주물을 만들기 위한 작업으로 금속을 가열하여 용해액을 주형틀에 넣고 성형시키는 방법이다. 모래주조 또는 주물이라고 하며, 모래, 석고, 밀랍, 플라스틱도 사용된다. 성형비가 저렴하고, 표면이 거칠어 후가공이 필요하므로 대형물 주조에 적당하다.

주물틀

주물에 의한 제품(황동산업)

다이 캐스팅(Die Casting)

다이 주조라고도 하며, 원하는 주조형태를 기계로 가공하여 금형(金型)틀을 만들어 금속용액을 주입하여 주조물을 얻어내는 정밀주조법이다. 치수가 정확하므로 후가공이 필요 없으며, 대량생산이 가능하다. 자동차부품·전기기기·광학기기·차량·방직기·건축·계측기의 부품 제조에 사용된다.

다이 캐스팅(정성산업)

도금

외관의 미적 효과는 물론 내부식성과 내마모성 향상을 위한 방법으로 금속이나 플라스틱 표면에 다른 물질을 얇은 층으로 덮는 것을 말한다. 도금에는 크롬도금, 금도금, 은도금이 있으며, 물의 사용 여부에 따라 습식도금, 건식도금이 있다.

용접

제품의 원재료를 높은 온도에서 녹여 접합하는 방법으로 융점이 낮은 금속 또는 비철금속에 사용하지 않는다. 접합강도가 우수하여 대형구조물을 만들거나 산업용에 주로 사용된다. 산소와 아세틸렌가스를 이용하는 아세틸렌 용접이 가장 많이 사용되며, 이 때 불꽃의 온도는 3,000℃ 이상이다.

프레스(Press) 가공

순간적으로 누르는 힘에 의해 가공되는 것으로 수동식, 기계식, 유압식, 압축공기를 이용한 공압식이 있다.

절곡

■전단가공

불필요한 곳을 잘라내거나 분리할 때 또는 구멍을 낼 때 사용하는 절단방법이다.

■굽힘가공

금속판재를 구부리는 방법으로 V자 틀 위에 철판을 올려놓고 프레스로 누르면 V자로 구부러진다. 이외에도 U자굽힘, 복합굽힘, 누름굽힘, 복동(複動)굽힘 등이 있으며, 철제가구나 자동차 제작에 사용된다.

■드로잉가공

금속의 전성(展性)을 이용하여 편편한 판을 외부의 압력을 사용하여 오무려 원통이나 원추형 등을 만드는 가공법이다. 이음매가 없어 그릇이나 통을 제작하는데 주로 사용된다.

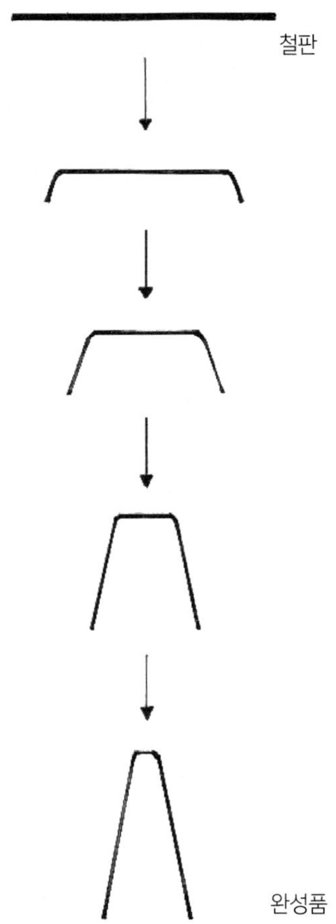

레이저 커팅(Laser Cutting)

넓은 금속판을 레이저 커팅기에 올려놓고 원하는 문양이나 형태를 컴퓨터에 입력한 후 작동시키면 불꽃이 튀면서 도면대로 형태를 오려낸다. 대량생산에 용이하며, 손으로 하기 어려운 세밀한 형태까지 깔끔하게 오려내 금속은 물론 아크릴 가공에도 많이 사용된다. 금속 레이저 커팅기는 금속판의 두께가 최소 0.1mm부터 가능하며, 기계에 따라 최대 두께는 다르지만 약 20mm까지 가능하다.

레이저 커팅

마르셀 브로이어(Marcel Breuer, 1902-1981, 헝가리)

1920년부터 1924년까지 독일의 바우하우스에서 수학하였다. 1925년부터 1928년까지 뎃사우 바우하우스의 교수로 재직했으며, 금속관으로 의자를 만들면서 가구의 역사에 기록되는 중요한 인물이 되었다. 그는 전쟁으로 인해 미국으로 망명하여 1937년에 하버드대 교수를 역임하고, 뉴욕에서 사망할 때까지 모더니즘적인 건축물을 설계하였다.

■바실리(Wassily), 1927

바실리 의자는 1925년에 만들어진 금속튜브의자가 모체이며, 후에 <바실리>라는 이름이 붙여졌다. 금속튜브의자는 자전거에서 힌트를 얻어 만들어진 것으로 세계 최초의 금속관 의자로 크롬도금으로 마감되었다. 크롬도금은 변색되지 않고 외관이 아름다워 기계는 물론 화장품, 장식품에도 사용된다. 팔걸이와 등받이는 생산 초기에 재료비 절감을 위하여 천을 사용했으나 후에 가죽으로 대체되었다. 금속이 비어 있어 가볍고 경쾌하면서도 튼튼하며, 원목에서 만들기 어려운 곡선처리가 돋보인다. 기계제작에 용이한 구조와 재료를 사용한 의자로 가구에 금속이 사용되는 중요한 계기가 되었다.

바실리체어

04 플라스틱

유동상태에서 압력을 이용하여 원하는 형태로 성형할 수 있는 물질로 가소성(Plasticity)이라는 말에서 유래되었으며, 합성수지라고도 한다. 수지에는 합성수지와 천연수지가 있으며, 천연수지는 나무에서 나오는 수액을 의미하며 소나무의 송진을 들 수 있다. 최초의 플라스틱은 19세기 중엽에 발명되었으며, 초기의 플라스틱은 호박이나 상아 같은 보석의 대용품이나 안경 등에 사용되기도 하였으나 대량생산의 소재로 발전되면서 보편화되었다.

내열성과 내구성이 우수하여 금속재료를 대체하게 되면서 섬유강화 플라스틱(FRP), 폴리카보네이트(PC)가 개발되었다. 1950년경부터 일반화되기 시작했으며, 1953년에는 독일의 칼 치글러(Karl Ziegler)와 이탈리아의 줄리오 나타(Giulio Natta)가 함께 합성수지 폴리프로필렌을 발명하여 노벨화학상을 수상하기도 했다. 플라스틱의 종류는 일반적으로 가열에 의한 성질로 구분한다.

■플라스틱의 특징

- 가단성이 뛰어나다.
- 가볍고 내열성이 뛰어나다.
- 방수성과 내구성이 우수하다.
- 착색과 도장, 광택이 우수하다.
- 종류가 다양하며, 연소가 잘 된다.
- 성형성이 우수하여 대량생산이 용이하다.
- 오염이 잘 안 되며, 전기절연성이 우수하다.
- 반영구적인 내구력으로 환경오염 문제를 야기한다.

플라스틱(Plastics)의 종류

열가소성수지(Thermo Plastics)

고온에서 가열시 연화(連和)하고, 유동성을 갖지만, 냉각하면 원래 상태로 되돌아가며, 계속 반복할 수 있으므로 재사용이 가능하다. 이러한 특징을 활용한 진공성형, 사출성형, 압출성형과 같은 열성형 방법이 개발되었다. 오염이 잘 안 되며, 광택이 우수하다. 투명제품을 얻을 수 있으며, 여기에는 비닐계 수지, 폴리스티롤, 폴리에틸렌, 폴리스티렌, 폴리아미드, ABS 등이 있다.

패트병

열경화성수지(Thermoset Plastics)

가열시 경화하여 유동성을 갖지만, 냉각 후 다시 열을 가해도 원래 상태로 되돌아가지 않는다는 것이 열가소성과 다르다. 사출성형, 압출성형법이 사용되며, 대부분 반투명, 불투명 제품이다. 여기에는 페놀수지, 요소수지, 멜라민수지, 에폭시수지, 폴리우레탄수지 등이 있는데, 특히 페놀수지는 열경화성 수지를 대표하며, 가장 오래된 플라스틱이다. 가구에 주로 사용되는 것은 멜라민수지로 착색효과가 좋고 내수성이 우수하다. 강도와 내마모성이 뛰어나고 열에도 강하다.

금형(金型)

금속으로 틀을 만들어 같은 형태의 물건을 여러 개 만들어내는 것을 금형이라고 하며, 금속이 아닌 목재로 만든 틀도 있다. 이 외에도 고무용 금형, 유리금형, 프레스금형, 단조용 금형 등이 있으며, 플라스틱의 금형방법은 성형방법에 따라 차이가 있다. 금형은 제품의 대량생산에 꼭 필요하며, 제품의 품질과 가격에 영향을 미친다.

또한 금형을 위한 기계와 기술이 필요하며, 여러 가지 제약조건이 있어 금형과정이 복잡하거나 경제적이지 못한 디자인은 문제가 있기 때문에 디자이너는 금형에 대한 지식을 가지고 있어야 한다.

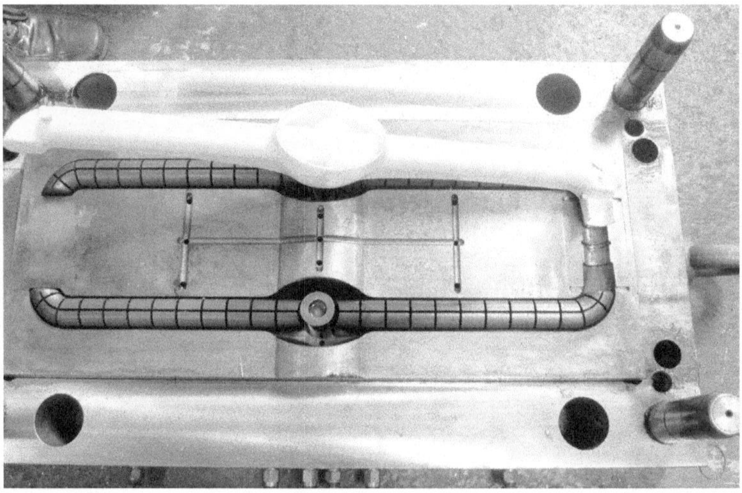

플라스틱금형(정성산업)

금형시 유의사항

■빼내기 경사

금형 후 제품을 틀에서 손쉽게 빼내기 위해서는 틀이 경사져 있어야 한다. 따라서 양동이나 그릇, 화분 등은 입구가 넓고 아래가 좁다.

■살두께

제품의 두께를 너무 두껍게 하면 성형시간도 길며 재료도 낭비된다. 따라서 제품의 성능에 문제가 없는 한도 내에서 가능하면 얇은 살두께로 균일하게 금형을 해야 한다. 또한 제품의 구석은 각이 지지 않도록 둥글게 디자인하는 것이 좋다.

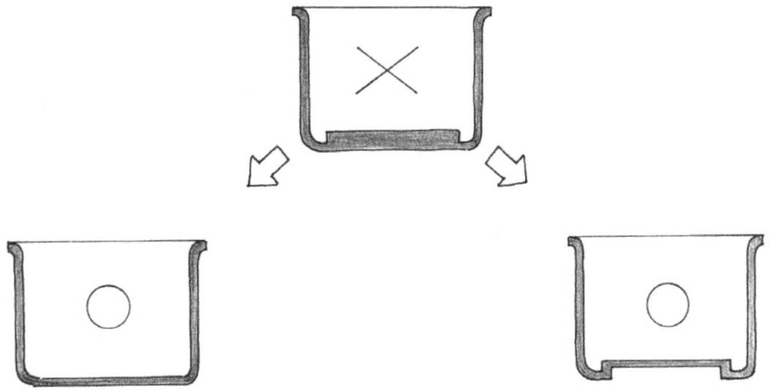

■거싯(gusset)

거싯은 옷을 만들 때 튼튼하게 하기 위해 덧대는 천을 의미하며, 성형에서는 제품의 모서리 부분 강도를 강하게 하기 위해 만드는 것으로 작은 것을 여러 개 만드는 것이 크게 하나를 만드는 것보다 우수하다.

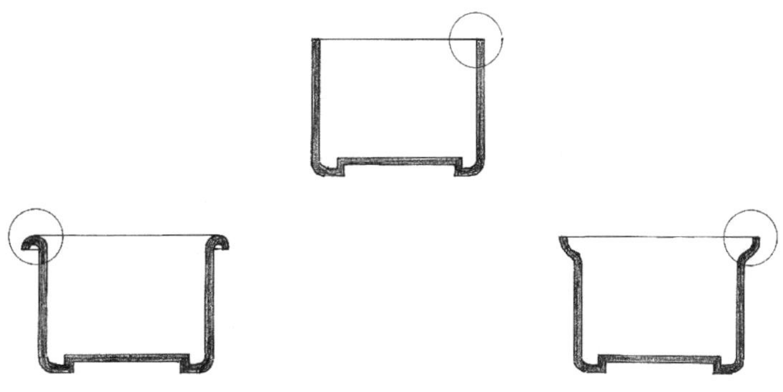

■리브(rib)

갈비나 늑골을 의미하며, 플라스틱으로 만든 의자의 좌판이나 등받이처럼 두께가 얇아 강도가 약한 경우 강도를 높이기 위해 좌판의 아래나 등받이 뒷부분에 뼈대를 붙이는 것을 말한다.

사출성형

가장 널리 사용되는 방법으로 유동상태의 플라스틱을 폐쇄된 상태의 금형틀에 넣고 냉각시켜서 굳으면 금형틀을 열어 성형품을 얻는 방법이다. 사출시 온도, 압력, 그리고 속도가 중요하며, 자동화생산이 가능하고, 치수 정밀도가 높다. 원료 낭비가 적고, 성형시간이 짧아 대량생산에 적합하다. 복잡한 형태의 성형도 가능하며, 아름다운 외관을 얻을 수 있으나 금형가격이 비싼 것이 단점이다.

설계시 제약요건이 많은 편이며, 두께가 얇은 대형 성형품제작은 적합하지 않다. 가장 전문적인 지식을 요하는 성형방법이므로 디자인을 결정할 때, 설계자와 금형제작자, 그리고 사출전문가와 협의가 이루어져야 한다. 용도는 전기, 전자 분야는 물론 건축, 완구 각종 생활용품까지 각 분야에 걸쳐 광범위하게 사용된다.

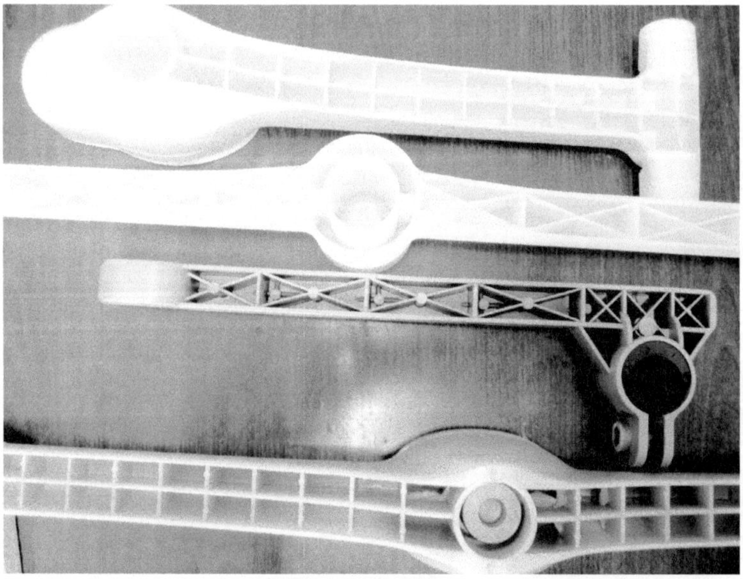

커튼걸이 리브(정성산업)

압출성형

열가소성 플라스틱의 대부분이 이 성형법으로 만들어지며, 압출기에 원료를 넣고 열을 가하여 성형 후 냉각시켜 금형(金型)에서 밀어내어 일정한 형태의 단면을 가진 연속체로 변환하는 성형법이다. 단면이 같은 형태를 연속하여 제작할 수 있으며, 가격이 저렴하나 단면이 복잡하면 가공비가 비싸진다. 금형이 단순하고 대량생산에 용이하다. 용도는 주로 가든 호스나 수도용 경질 비닐파이프, 비닐 피복전선, 플라스틱 골판지 등을 만드는데 쓰인다.

진공성형

*인서트(insert)
- 성형틀의 한 부분으로 교체 가능한 부분이나 성형품안에 삽입된 다른 재료

열에 의한 성형법 중 가장 많이 사용되며, 필름이나 시트를 가열하여 유연해지면 금형의 표면에 고정시키는 방법이다. 진공펌프로 형틀과 시트 사이에 있는 공기를 밖으로 배출할 때 빨아들이는 힘 때문에 시트가 형틀에 밀착되고, 이것을 냉각하여 형틀에서 성형물을 빼내는 것이다. 목재, 석고, 수지 등으로 만든 틀은 소량생산에 사용되며, 알루미늄은 대량생산에 용이하다.

두께가 얇은 성형물에 주로 쓰지만, 두께가 고르지 않다. 성형시간이 짧으며, 저렴하다. 뾰족하거나 깊이가 깊은 제품은 성형과정에서 파열이 생길 수 있어 피하는 것이 좋다. 단순한 형태 성형에 알맞으며, 금형의 수정이 용이하다. 정밀한 부분의 디자인은 적당하지 않으며, 용기 성형시 바닥의 각진 부분이 늘어나 두께가 얇아지는 단점이 있다. 인서트나 구멍을 뚫는 것은 어렵다. 용도로는 유리캐비닛, 악기케이스, 여행용 가방, 제품포장케이스 등에 사용된다.

진공성형

표면처리

착색

착색은 미립자인 안료를 합성수지와 혼합하여 만들며, 착색시 표면이 마모되거나 벗겨지지 않는다. 착색료는 착색제에 따라 조금 다르지만 대부분 저렴하다. 투명, 반투명, 불투명 등 착색이 다양하며, 햇빛에 변하는 색이 많다. 대부분 성형원료 단계에서 착색한다.

핫 스탬핑(hot stamping)

장식적인 효과를 얻기 위해 플라스틱 제품에 가열 또는 가압에 의하여 금속색을 넣거나 문자(文字)나 무늬 등을 성형품이나 시트 등에 전사(轉寫)하는 방법이다. 이것은 대량생산이 가능하며, 가격이 저렴하고, 유리, 종이, 도자기, 섬유 등에도 사용할 수 있다.

도금

플라스틱을 금속처럼 보이게 하기 위해 하는 것을 도금이라 하며, 종류는 화학도금과 진공도금으로 나눈다. 금속소재보다 가볍고 가격이 저렴하며, 성형이 쉽다. 대량생산이 용이하고, 플라스틱의 내후성과 내열성을 우수하게 하여 자주 사용되는 방법이다. 플라스틱을 도금할 때, 넓은 평면이나 가늘고 긴 홈은 좋지 않다.

도장

FRP표면의 유리섬유나 재생원료 사용시 도장이 필요하다. 또한 아크릴코팅 또는 성형품 표면에 광택의 유·무를 위한 도장이 있다. 솔이나 붓, 스프레이 등을 사용한 부분도장으로는 문자나 문양를 넣거나 사람이나 동물과 같은 인형 얼굴이나 손을 표현할 때도 쓰인다.

■ 플라스틱 도장의 특징

- 연소성이 좋다.
- 가격이 저렴하다
- 치수 정밀성이 좋다.
- 강도 및 탄성이 우수하다.
- 가볍고 가공이 용이하다.
- 타 재료와의 조립이 우수하다.
- 착색이 용이하고, 광택이 난다.
- 화학적인 성능을 쉽게 바꿀 수 있다.
- 표면에 스크래치(흠)가 나기 쉽다.
- 정전기가 있으며, 반복적 하중이 가해지면 파손되기 쉽다.

ABS(에이비에스: Acrylonitr ile Butadiene Styrene)

열가소성플라스틱의 한 종류로 1940년대 후반부터 사용된 플라스틱으로 폴리스티렌(PS)의 낮은 내충격성과 금이 가거나 갈라지는 크래킹(cracking)을 보완한 합성수지이다. 아크릴로나이트릴(Acrylonitrile)의 내약품성과 부타디엔(Butadiene)의 내충격성, 스티렌(Styrene)의 가공성을 모두 갖추고 있어 세 개의 앞 글자를 모아 ABS라고 부른다.

진공성형과 사출성형법에 의해 만들어지며 전기부품, 자동차 내외장재, 완구, 옷걸이, 수납가구 등에 많이 쓰인다. 나뭇결 모양의 착색이 가능하여 목재대용품으로도 사용된다.

■ ABS의 특성

- 광택 및 표면 외관이 우수하다.
- 인장강도가 우수하며, 내열성이 있다.
- 가공성이 좋으며, 착색이 용이하다.
- 플라스틱 중 도금용 소재로 가장 우수하다.
- 내충격 강도가 우수하여 쉽게 손상되지 않는다.
- 유백색의 수지로 불투명하며, 표면이 부드럽다.
- 연소시 고무 타는 냄새가 난다.
- 유연성이 약하다.

옷을 걸 수 있는 나뭇가지 형상 부분은 ABS로 제작되었고, 기둥과 바닥은 강철에 분체도장을 한 스탠드 옷걸이이다.

ABS 옷걸이

EPP(Expanded polypropylene)

범용성 플라스틱의 일종으로 폴리프로필렌(PP)을 발포하여 구슬(비드: bead) 형태를 띤다. 이는 사출성형으로 생산이 가능하며, EPP의 발포율을 조절하여 다양한 물성을 갖는 제품을 구현할 수 있다. 국내에서는 자동차 부품이나 포장재, 건축재, 단열재 등 다양한 산업 분야에 적용되고 있지만, 유럽에서는 충전재를 비롯하여 수납가구나 의자와 같이 가구재료로 사용되고 있다. 현재 유럽은 친환경적이고 인체 무해한 제품의 수요가 증가하고 있어 EPP를 활용한 가구 시장이 확대되고 있다.

■EPP의 특성

EPP의 장점은 구슬 내부가 미세한 기포구조(closed cell)로 되어 있어 단열성이 높고, 내충격성, 내화학성, 비흡수성, 내열성 및 내구성이 우수하다. 또한, 인체에 무해하고, 가공이 용이할 뿐만 아니라 다양한 색상 구현이 가능하고, 재활용(Recycling)이 가능하다.

EPP소파

파이버 글라스(Fiber Glass)

융해된 유리가 섬유형태로 된 광물섬유로 용도에 따라 단섬유와 장섬유로 나뉜다. 1893년 컬럼비아 박람회에서 한 유리회사가 발표한 것으로 유리막대의 끝을 가열하고 잡아당겨 회전 드럼에 감아 만든 것이 시초이다. 유리섬유를 만드는 방법으로는 녹인 유리를 기계로 잡아 늘이거나 수증기로 날릴 수도 있으며, 원심력을 이용하여 날려서 붙이는 방법 등이 있다.

용도로는 건축에 사용되는 유리섬유판, 전기절연재, 보온·보냉재, 흡음방음재, 항공기, 보트, 속이 빈 기둥, 낚싯대 등에 사용된다.

■ 유리섬유의 특징

- 흡수성이 없다.
- 신장률이 적다.
- 부식하지 않는다.
- 전기절연성이 크다.
- 내마모성이 적고, 강도가 강하다.
- 고온에 잘 견디며, 불에 타지 않는다.
- 매트로 만든 것은 단열·방음성이 좋다.
- 부서지기 쉬우며 부러진다.

마크 뉴슨 (Marc Newson: 1963~, 오스트레일리아)

뉴슨은 보석과 조각을 전공하였으며, 이러한 경력이 그의 가구나 제품 디자인에서 공예적인 느낌을 받을 수 있는 원인이 되었다. 1997년에 Marc Newson Ltd를 설립하여 세계의 여러 회사와 일을 하게 되며, 전통에 구애되지 않는 신재료 및 신기술을 활용하여 독특한 그만의 세계를 구축하였다.

■ 록히드 라운지: Lockheed Lounge LC2, 1988

1992년 미국 가수 마돈나의 뮤직비디오에 소개되면서 유명해진 안락의자로 골격은 파이버 글라스로 만들어졌으며, 표면은 알루미늄으로 처리되었다. 속이 비어 있기 때문에 총 무게는 20kg으로 가벼우며, 다리가 3개인 것이 특징이다. 껍데기 안쪽은 파이버 글라스를 녹여 만들었으며, 바깥쪽은 비행기의 몸체처럼 알루미늄을 못으로 박아 고정시켰다.

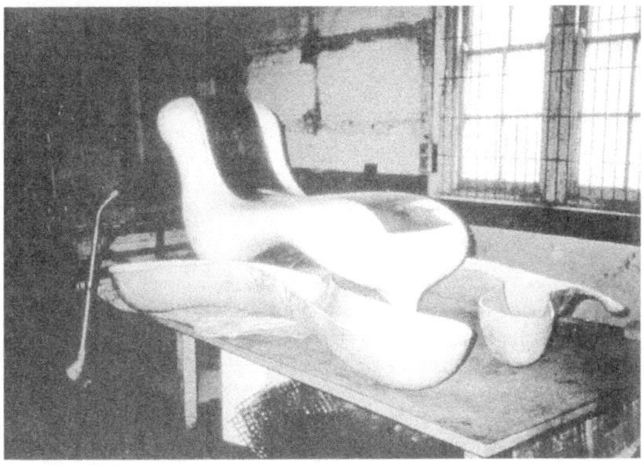

제작과정

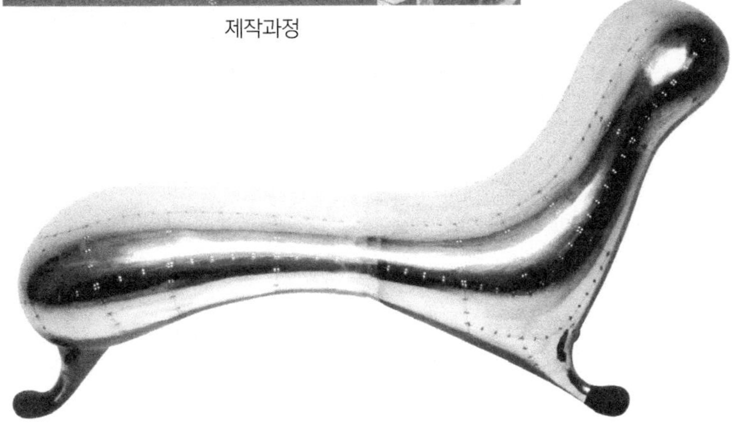

록히드 라운지

멤피스 가구

멤피스 그룹은 1981년 세계디자이너 49명이 모여 이탈리아 밀라노 전시회를 개최하면서 결성되었다. 멤피스 디자인의 특징은 화려한 색상, 장식성이 강한 형태, 그리고 라미네이트 플라스틱, 프린트 글라스 등과 같은 새로운 재료 사용에 있다.

이탈리아에서는 50년대 말경 전쟁 직후의 풍요함 속에서 제도화되고 체계화된 당시의 '굿 디자인'에 반대하는 급진적인 디자인저항운동이 일어나기 시작했는데, 이것은 구에리에로(A. Guerriero), 그레고리(G. Gregori)가 밀라노에 만든 스튜디오 알키미아(Studio Alchimia)가 중심이 되었다. 알키미아는 휴머니즘을 내세워 자유롭고 새로운 것을 위하여 장식과 색채를 주장하였으나, 이들의 실험적이고 전위적인 작품전시는 산업과 거리가 멀었으므로 가구업체들의 호응을 얻지 못했다.

소트사스는 이러한 알키미아에 반대하고, 디자인은 최종적으로 상품으로 발전되지 않으면 무의미하다고 주장하였다. 따라서 그는 알키미아를 탈퇴하여 1981년 9월 밀라노 작품전시회를 통해 드디어 멤피스 그룹을 결성하게 되었다.

라미네이트 플라스틱(Laminate Plastics)

라미네이트는 플라스틱 필름을 재료의 표면에 접착하는 기술로 멤피스 그룹이 가구에 사용하면서 획기적인 사건으로 기록되었다. 당시에는 창고나 상점의 벽면에 사용되었던 재료로 가구에는 사용되지 않았기 때문이다. 이것은 합판, MDF, PB 등의 가구제작용 백골판재 위에 미적 효과와 표면을 보호하기 위해 제작된 얇고 단단한 수지계열 판에 다양한 패턴을 프린트하여 사용하였다.

에토레 소트사스(Ettore Sottsass: 1917~2007, 이탈리아)

인스부르크에서 태어난 그는 폴리테크닉대학에서 건축을 전공한다. 전쟁 포로생활과 여행으로부터 얻은 질병으로 인한 요양원생활 등은 그의 예술에 대한 내면을 강화하는 계기가 되었다. 1946년 밀라노에 사무실을 오픈하고, 세라믹제품은 물론 타자기, 각종 가구제품들을 디자인하면서 많은 상을 수상하였다. 1970년대 말 그룹"Alchimia"를 창설하며, 1981년에는 멤피스 그룹의 창립멤버가 된다.

■칼튼(Carlton) 1981

1981년 멤피스 그룹의 첫 번째 프로그램을 위해 만들어진 이 장식장은 플라스틱 라미네이트를 사용해 만들어졌다. 많은 책이나 장식품을 수용할 수 있는 기존의 것과 달리 적게 수납하는 대신 장식적인 효과가 큰 것이 특징이다. 원색 및 파스텔톤의 색상이 어우러져 화려한 느낌이다.

칼튼

임즈와 사리넨의 가구

1900년대 초반에 작은 물체처럼 부분적으로 쓰였던 플라스틱을 1950년대 후반에 찰스 임즈와 에로 사리넨이 가구에 적용하기 시작하면서 플라스틱 가구의 발전이 시작되었다. 그들은 플라스틱을 활용하여 유기적인 형태를 창출해내면서 미국은 물론 세계의 가구디자인 발전에 큰 공헌을 하였다.

찰스 임즈(Charles Eames: 1907~1978, 미국)

임즈는 플라스틱가구의 개척자로 미국에서 태어나 워싱턴대학에서 건축을 전공하였고, 미스 반 데 로에에게 사사받았다. 1930년에는 자신의 사무실을 설립하며, 세계 2차대전 중 해군으로부터 성형합판으로 만들어진 들것과 부목 등을 의뢰받은 임즈는 성형합판 가구제작에 착수하게 되는 계기를 맞는다. 1940년에 의자공모전에서 에로 사리넨과 함께 출품한 의자가 대상을 수상하면서 세상에 널리 알려지게 된다. 임즈는 아내 레이 임즈(Ray Eames)와 함께 많은 가구들을 디자인하는데, 초기에는 합판성형을 주로 다뤘으며, 이후에는 플라스틱 성형 의자에 주력했다.

■라 셰즈(La Chaise), 1948

이 의자는 미국 조각가인 가스통 라셰즈(Gaston Lachaise)의 조각작품에서 영감을 받아 디자인되어 '라 셰즈(La Chaise)'라는 이름을 붙였다. 임즈 부부는 1948년 뉴욕현대미술관이 개최한 국제저비용가구디자인공모전에 작품 2개를 출품하는데, 라 셰즈는 그 중 하나로 복잡한 제작과정과 고가의 비용으로 인해 공모전에 당선되지 못한다. 따라서 이 의자는 1990년에 비트라가 생산하기 이전까지 단, 한 개의 시제품만 존재하였다. 파이버 글라스로 만들어진 넓은 좌판과 금속관의 다리, 그리고 래커도장한 목재가 사용되었다.

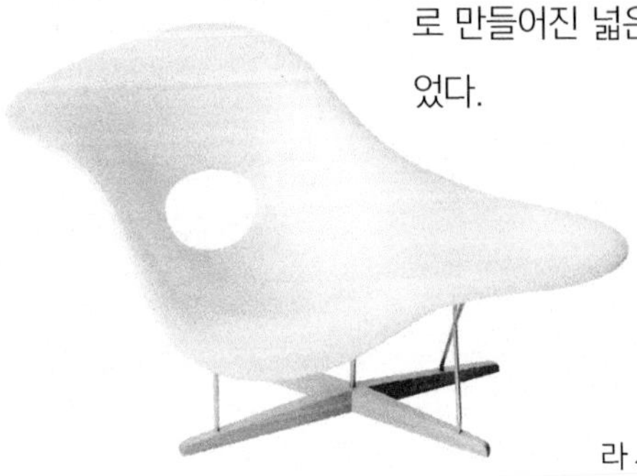

라 셰즈

에로 사리넨(Eero Saarinen: 1910~1961, 핀란드)

헬싱키 태생으로 건축가인 아버지를 따라 1923년 미국으로 건너가게 된다. 1929년 파리의 그랑드-쇼미에르 아카데미에서 조각을 전공하고, 1930년에 예일대학 건축과에 입학한다. 1937년부터 임즈와 함께 합판 및 유리섬유를 활용한 의자를 개발하였으며, 가구뿐만 아니라 건축 분야에서도 많은 업적을 남겼다.

■튤립의자(Tulip Chair), 1955

튤립의자의 좌판은 파이버 글라스를 사용하여 사출성형법으로 만들어졌으며, 다리와 다리를 받치는 받침대는 알루미늄으로 제작되어 흰색 래커로 도장되었다. 이것은 부품 없이 마치 하나의 덩어리로 제작된 것처럼 보이도록 의도한 의자로 놀(Knoll)사를 위해 만들어졌다.

튤립의자

베르너 팬톤(Verner Panton, 1926~1998, 덴마크)가구

건축학을 전공한 건축가이자 가구디자이너로 유기적인 형태와 다양한 컬러를 이용한 것이 특징이다. 스칸디나비아의 가구디자인이 원목의 나뭇결을 살린 자연주의에 있음에도 불구하고 팬톤은 전혀 다른 디자인 세계를 구축하였다. 인간의 마음을 움직이는 가구야말로 진정한 미래가구라고 주장한 그는 원색을 중심으로 다양한 컬러를 사용하여 환상적인 이미지를 추구하였다.

■팬톤 체어(Panton Chair), 1968

다른 재료가 섞이지 않은 플라스틱으로 만들어진 최초의 캔틸레버 의자로 감성적이다. 처음에는 폴리우레탄 하드폼으로 만들어졌으나 발포된 공백 부분의 광택 및 컬러 래커작업으로 추가공정이 필요해 비싼 가격이 책정되었다. 현재에는 폴리프로필렌을 사용하여 제작하고 있는데, 이것은 염색된 플라스틱 미립자로 만들어져 후가공이 필요치 않으므로 저렴한 가격에 공급이 가능하며, 1990년대 말까지 내구력 및 제작공정 개선을 위한 몇 차례의 수정 작업을 거치게 되었다.

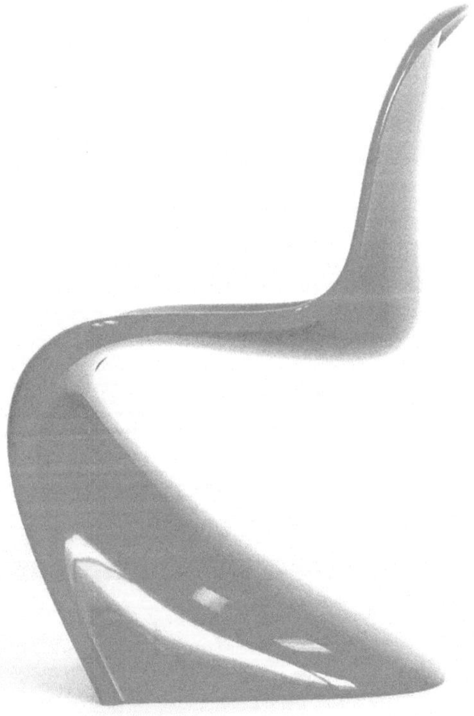

팬톤체어

05 석 재

석재는 경도에 따라 경질석, 중경질석, 연질석이 있으며, 생성요인에 따라 화성암, 수성암, 변성암, 인조석 등으로 나눈다. 용도로는 수반, 분수대, 벽장식, 조각품은 물론 식탁이나 거실장에도 사용된다. 가구에는 대리석이 많이 쓰이며, 중후한 느낌으로 대부분 가격이 비싸다. 한 번 구매하면 육중한 무게로 인하여 트렌드의 변화에 따른 가구의 교체가 어렵고, 차가운 느낌으로 인해 재구매 또한 거의 없는 것이 단점이다.

■석재의 특징

- 압축강도가 강하다.
- 수명이 길며, 광택이 난다.
- 색과 무늬로 외관이 아름답다.
- 무거워 운반이 어렵다.
- 쉽게 얼룩이 진다.
- 산에 약하며, 가공이 어렵다.
- 큰 규격의 석재를 구하기 어렵다.
- 천연석재의 경우 층이 있는 것은 결이 있다.
- 조직에 균열이 생기면 갈라지거나 깨지기 쉽다.

석회암

주성분이 탄산칼슘인 퇴적암을 말하며, 석회석이라고도 한다. 석회암은 바다 밑에 생긴 조개껍데기 등의 퇴적물로 유기질이나 무기질에서 석회질이 녹아 침전되어 응고된 것이다. 조직이 치밀하고 견고하며, 백색, 회색, 흑색을 띤다. 석회암에 열과 압력을 가하면 대리석이 되며, 흡수성이 강하고, 연마가 용이하다. 조각, 시멘트, 제철, 비료, 포장용 석재 등에 대량으로 사용된다.

화강암

화성암의 일종으로 중국의 화강이라는 곳에서 발견되어 붙여진 이름으로 화산에 의해 만들어져 석재 중 가장 단단하다. 보통 흑색이나 암록색을 띠며, 코발트와 결합하여 푸른색이 되고, 철과 결합하여 붉거나 검은색을 띤다. 열과 수분에 강하나 표면에 박테리아를 만들어내는 특성으로 음식서비스 관련 장소에서는 사용이 부적합하다. 외관이 아름다우며, 견고하여 마찰에 강하다. 경도가 우수해 세밀한 조각보다는 건축용 대형 구조재로 적합하다. 결정체의 크고 작음에 따라 대립화강암, 중립화강암, 소립화강암으로 구분된다.

대리석

대리석이라는 명칭은 중국 대리석의 원산지가 윈난성의 대리지방인데서 유래한다. 석회암에서 변형된 것으로 탄산석회가 주성분이며, 변성암의 일종이다. 조직이 치밀하고 외관이 아름다우나 열과 산에 약하다. 견고하여 연마하면 광택이 우수하다. 이탈리아, 프랑스, 그리스 등에서 우수한 대리석이 많이 나오며, 공예품, 실내장식, 가구 등에 사용된다.

인조석

천연석의 대체재로 시멘트와 모래, 울퉁불퉁하게 조각난 각종 석재, 돌가루, 안료를 반죽하여 틀에 넣고 굳히거나 발라서 판으로 만든 것이다. 새롭고 다양한 인조석을 만들기 위하여 돌의 크기, 종류, 색상, 무늬 등을 자유롭게 구성할 수 있다. 대리석이나 화강암의 부서진 조각을 섞어 만들어 외관이 아름다우며, 석판에 물을 뿌리면서 연마기로 광을 낸다. 가볍고 가공이 쉬워 공사과정이 빠르며, 가격이 싸다.

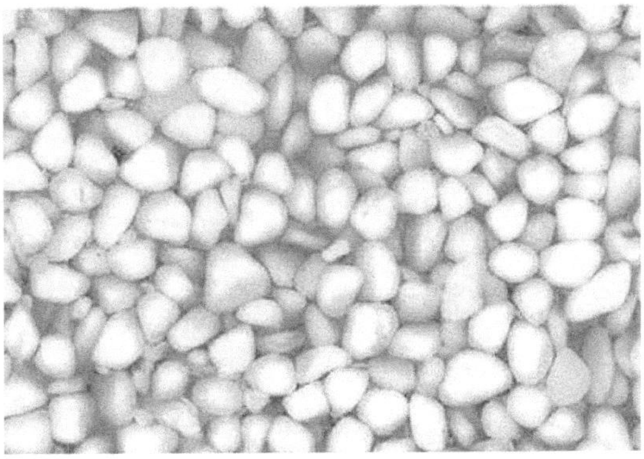

06 종 이

저피(楮皮)에 어원을 둔 종이는 20세기 초 서양에서 양지(洋地)가 들어오면서 한지로 불리기 시작했다. 저(楮)는 닥나무를, 피(皮)는 껍질을 의미한다. 삼국시대에 중국으로부터 전해진 종이는 신라시대에 중국으로 수출될 정도로 발전하였다. 고려시대에는 인쇄술과 제지술이 발달되었으며, 현재 국내 종이의 종류는 약 200 여종에 이른다.

종이는 셀룰로오스로 구성되며, 수많은 섬유층 사이에 작은 공간이 있는 다공성 물질이다. 공간의 틈은 공기로 채워져 있으며, 전체 중 50% 정도를 차지한다. 기계로 제작한 종이는 가로·세로방향이 있으며, 세로방향은 가로에 비해 인장강도가 크고, 수축률, 습도에 대한 수축성이 적다. 종이의 앞면은 뒷면에 비해 장섬유가 적고 충전제가 많아 치밀하고 매끈하다. 가공법에는 전분이나 규산나트륨, 합성고무, 라텍스 등을 종이에 가미하여 종이의 힘을 증가시키거나 멜라민수지, 요소수지를 가미하여 종이의 습윤강도를 높이는 방법이 사용된다. 이 외에도 두 장의 종이를 겹쳐 붙여 두꺼운 골판지와 같이 강도를 높이는 배접가공이 있다. 종이와 판지를 구분하는 기준은 두께이며, 0.3mm이상인 경우는 판지이고, 그 이하는 종이로 구분한다.

종이의 종류에는 골판지용, 신문용지, 출판물용, 고급지, 화장지, 판지, 크라프트지 등이 있다.

펄프(Pulp)

식물 원료에 기계적·화학적 처리를 하면 구성요소인 셀룰로오스 섬유가 나오는데, 이것을 모은 것이 펄프이다. 펄프의 종류는 원료에 따라 목재펄프, 대나무펄프, 칩펄프, 파포펄프 등이 있으며, 이 중 목재펄프가 전체의 90%를 차지한다. 제지용 펄프는 침엽수로 만든 것이 가장 많으며, 이물질 제거를 위해 약품으로 화학적 처리를 한 것을 화학펄프라고 한다. 펄프는 종이 중 가장 저렴한 상태로 쉽게 찢어지며, 프린트되지 않은 곳은 변색된다.

골판지

판지에는 골판지, 백판지, 황판지, 색판지가 있다.
이 중에서 골판지는 판지에 골이 나 있어 붙여진 이름으로 마모되는 것을 방지하기 위해 앞·뒤 표면에 붙이는 라이너(liner)와 가운데 물결모양의 파형 심지를 넣어 만든 종이이다. 외부의 충격을 완화하는데 주로 쓰이며, 값이 저렴하지만 습기와 마찰에 약한 단점이 있다. 같은 크기의 나무상자보다 목재 사용량이 1/10 정도로 적어 목재를 대신하는 포장재로 사용된다. 강도에 따라 편면, 양면, 이중양면, 삼중 골판지가 있으며, 가구재료로는 강심골판지가 적당하다. 강심골판지는 앞·뒤의 판지 사이에 물결무늬 골심지가 들어가 있는 것으로 적은 부피에도 강도가 우수하다.

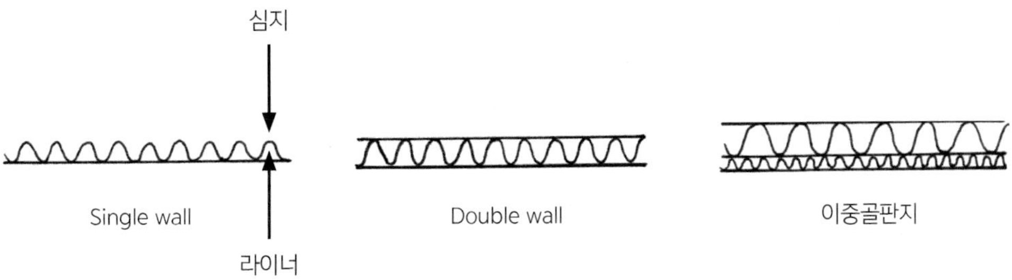

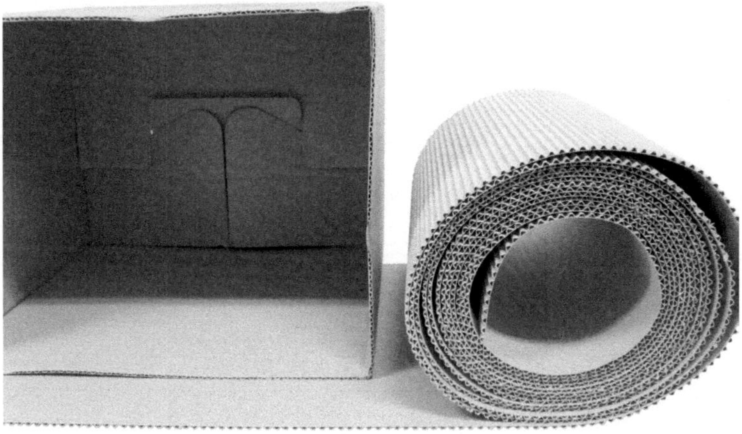

골판지

한지

일본의 종이는 왜지라 하며, 중국의 종이는 화지라 하는데, 원료는 짚이나 기타 식물줄기로 만들어진데 비하여 우리나라 한지는 닥나무로 만들어져 질이 최상이다.

목재로 만든 백골에 한지를 발라 만든 장과 농, 그리고 하드보드지 같은 두꺼운 판지로 골격을 만들어 한지를 바른 함과 같이 한지는 가구의 골재가 아닌 겉 표면을 장식하는데 사용되었다. 과거에는 한지 위에 옻칠이나 기름칠로 마무리하였으나 현대에는 한지공예용 코팅제를 바르는 것이 일반적이다.

한지는 습기가 많으면 눅눅해지고 곰팡이가 생기기 쉬우며, 너무 건조하면 종이의 질이 변하여 물을 먹지 않으므로 사용이 불편하다. 따라서 직사광선을 피하고, 통풍이 잘 되는 곳에 보관해야 한다.

닥나무는 고려시대부터 종이원료로 사용하였고, 조선시대에는 본격화되었다. 현재, 한지를 만드는 제조방법은 중국에서 전해온 방법이 우리나라에 맞게 변화된 것으로 크게 두 가지 방법이 있다. 첫째는 손으로 뜨는 수초지 방식이며, 둘째는 양지제조기술이 접목된 기계한지 방식이다. 수초지 방식은 닥섬유만으로 만들거나 목재펄프를 혼합하는데, 품질기준이 없어 질 낮은 한지가 유통되고 있다. 기계한지는 펄프혼합이 많고, 섬유의 방향성 때문에 질이 떨어지지만 대량생산이 가능하고 저렴하여 수요가 점차 늘어나고 있다.

국내의 한지제조업체는 전라도에 약 60% 정도가 집중되어 있으며, 특히 전라남도 장성군에서 많이 생산된다. 한지는 염색에 의해 다양한 색상을 연출할 수 있으며, 가구의 심재보다는 표면에 발라 사용된다.

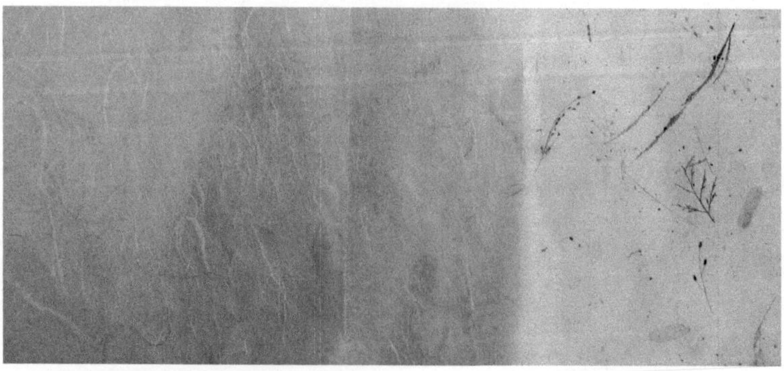

나무의 껍질이나 뿌리를 넣어 만든것과 식물의 줄기나 잎으로 만든 운용지

■ 한지 제작과정

- 닥나무는 길이 2~3m의 1년생 가지가 좋으며, 11월경에 채취해야 껍질의 수분이 적당하여 벗겨내기 쉽다.
- 1~2m 정도로 잘라 가마솥에 물과 같이 넣고 2시간 정도 삶는다. 솥에서 꺼내어 그대로 말린 것을 흑피라고 하며, 흑피를 물에 불려 껍질을 벗긴 것을 백피라고 한다. 백피는 서류용지, 지폐, 그리고 창호지 등으로 사용되며, 흑피는 박스처럼 질이 떨어지는 제품에 사용된다.
- 백피는 껍질을 말린 후 다시 물에 불린 다음 불순물을 골라내고 하얀 내피(內皮)만 선별하여 이것을 양잿물에 섞어 2~3시간 정도 삶는다.
- 알칼리성의 양잿물은 한지를 오랫동안 변하지 않게 해주며, 표백제 기능을 한다.
- 양잿물에 삶은 백피를 흐르는 물에서 깨끗이 씻어낸 후 햇빛에 말린다.
- 하얗게 표백된 백피를 평편한 곳에 놓고 두드려 수분을 제거한다.
- 백피에 닥풀의 끈적끈적한 물을 넣고 섞어 골고루 푼다.
- 닥풀은 일년생 초본식물로 뿌리에 점액이 많아 종이를 뜰 때 섬유간의 접착을 돕는다.
- 구멍이 뚫린 발(簾)을 사용하여 좌우로 흔들면서 종이만 건져낸다.
- 떠낸 종이는 무거운 돌을 올려 하루 동안 물을 뺀 후 한 장씩 떼어 건조시킨다.

닥나무 껍질

■ 한지의 종류

· 원료에 따라 저지, 죽지, 마지, 유목지, 잡초지 등
· 용도에 따라 공사지, 관교지, 도배지, 불경지, 화선지, 창호지, 표지 등
· 산지에 따라 연산지, 평강지, 가평지, 전주지, 남원지 등
· 크기에 따라 대발지, 중발지, 소발지, 대호지, 소호지, 심해지, 일배지 등

■ 한지의 특징

· 수명이 길다.(약 10년)
· 가소성과 가변성이 뛰어나 형태 변형이 쉽다.
· 친환경소재로 재생이 가능하다.
· 자연스런 질감이 우수하며, 빛이 은은하다.
· 다양한 색상연출이 가능하다.
· 방한성과 통기성이 우수하다.
· 가볍고, 항균성이 뛰어나다.
· 중성지인 한지는 산성지인 양지보다 수명이 길다.
· 여러 겹으로 강도는 강하나 불에 잘 탄다.

프랭크 오 게리(Frank O. Gehry, 1929~, 캐나다)

토론토에서 태어난 게리는 캘리포니아대학에서 건축을 공부하였으며, 1962년 건축사무소를 설립하였다. 1993년 이탈리아의 베네치아건축 비엔날레에서 미국의 대표적 건축가로 선정되었으며, 무질서하고 비정형화된 파격적인 건축디자인이 특징이다.

■움직이는 측면 의자(Wiggle Side Chair). 1972. 뉴욕

게리는 1972년 골판지로 만든 17개의 이지 에지(Edge Edges) 시리즈를 발표한다. 이 시리즈는 건축가인 그가 디자인한 유일한 가구이며, 건축모형재료로 쓰이는 골판지를 보고, 가구로 만들어 보고 싶어 시도되었다. 접착제를 이용하여 골판지를 여러 겹으로 붙이고, 양끝 측면에는 마모를 방지하기 위하여 하드보드지로 마감하였으며, 좌판의 가운데는 둥근 나무기둥으로 지지한 의자이다. 종이가구 가능성을 보여준 시도로 종이가구 출현의 기초가 되었다.

움직이는 측면 의자

■작은 비버(Little Beaver). 1987

재단된 골판지를 겹겹이 붙여 만든 안락의자와 스툴로 종이의 단면이 자연스럽다. 저가의 대량생산을 위해 소량으로 제작된 실험의 결과로 가구재료로 종이의 가능성을 보여주었다는 데 의의가 있다.

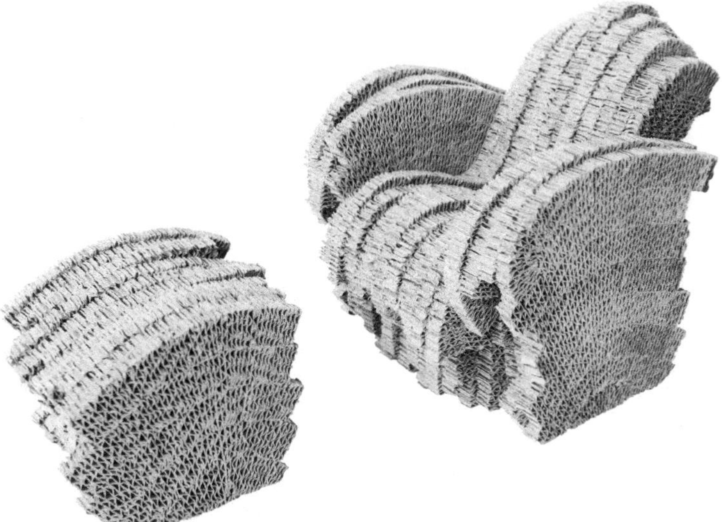

작은 비버

07 유 리

유리는 주성분과 보조재로 구성되며, 주성분은 규석(모래)이다. 주원료는 유리생성 산성산화물(규사, 규석, 붕산, 무수인산 등)에 염기성산화물(나트륨, 칼륨, 칼슘)을 한 가지 이상 배합한 것이다. 이집트에서 개발되었다는 유리는 이것들을 고온으로 녹인 후 냉각하여 생기는 투명도가 높은 물체를 말하며, 초기에는 보석처럼 취급되었으나 대량생산이 되면서 가격이 저렴해졌다. 일반적으로 쉽게 볼 수 있는 유리는 70%의 규석에 15%의 소다, 그리고 기타 재를 혼합하여 만든 것이다. 유리의 색상은 다양하며, 코발트는 청색, 주석과 비소는 흰색, 니켈은 보라색 유리를 만드는데 사용한다. 보조재는 산화작용을 돕는 산화제, 재료를 분해하는 환원제, 용융유리의 기포를 없애고, 균질하게 하는 청등제, 색을 입히는 착색제, 착색을 없애는 소색제, 녹이는 것을 촉진하는 융제, 유리액 속의 기포를 제거하는 청정제가 있다. 건축용 판유리로 가장 많이 쓰이며, 용기류, 광학류, 차량용, 가구 등 널리 사용된다.

유리의 투명도는 철분과 관계 있으며, 높은 투명도가 필요한 광학유리는 원료의 산화철 함유량이 매우 적어야 한다. 유리를 가열하면 점성이 서서히 감소하여 액체상태로 이행하는 것이 특징이며, 일반적인 유리는 상온에서 질이 치밀하여 흡수성·통기성 등이 전혀 없다. 유리는 성분에 따라 규산염유리, 붕산염유리, 안산염유리, 특수유리로 나누며, 기능에 따라 광학적 기능유리, 자기적 기능유리, 전기적 기능유리, 기계적 기능유리, 생체적 기능유리 등이 있다.

유리 제조기술은 이탈리아의 유리공예와 함께 발달되었다. 장인들이 주축이 되어 조명등이나 장식품, 스테인드글라스 등이 주요품목이었던 유리공예는 디자이너와 함께 협력체제를 구축하면서 유리의 고급화는 물론 다양한 기능으로 활용범위를 넓혀갔다. 1851년 런던에서 개최된 제1회 만국박람회를 위해 지어진 크리스털 팰리스는 철과 유리로 된 건축물로 단기간에 조립되어 박람회 종료 후 해체되었다. 새로운 재료와 공법으로 역사적인 사건으로 기록되며, 그 후 유리가 건축 및 가구에 사용되는 데 많은 영향을 끼치게 된다.

국내의 유리산업은 1900년대 초에 유리병 제조공장이 세워지면서 시작되었다. 1990년대까지 활성화되다가 현재는 중국의 저가 유리제품들로 인하여 많은 유리공장들이 문을 닫고 있으며, 유리제조에 필요한 시설과 장비가 고가이므로 저렴한 유리제품을 생산하기가 어려워 일부 공예품에 한정되어 있다. 1951년에 중소기업을 중심으로 한국유리공업협동조합이 결성되어 현재까지 이어지고 있다.

■ 유리의 특징

- 가시광선을 투과시키며, 주철보다 단단하다.
- 투명하고 아름답다.
- 내구성이 우수하며, 위생성 및 보존성이 좋다.
- 주조 및 압축 등 성형성이 좋다.
- 내열성 및 전기절연성이 좋다.
- 충격과 열에 약하다.

유리제작과정

유리장식장

유리의 종류

강화유리

유리를 500~600℃로 가열한 후 압축된 공기로 급랭시켜 유리표면을 압축·변형시킨 판유리를 말한다. 표면장력은 보통유리에 비해 6배로 강하며, 내열성도 뛰어나다. 일반유리보다 하중을 잘 견디지만 단단하지 못하고, 스크래치가 잘 생기는 단점이 있다. 용도는 자동차 항공기의 창유리, 도난방지용 창유리 등에 사용되며, 파손되기 쉬운 식탁이나 티 테이블의 상판으로 사용한다. 강화유리는 일반유리와 달리 파손시 작은 콩알처럼 부서지므로 인체에 상처를 입히지 않는다.

파이렉스(Pyrex) 유리

이산화규소가 많이 들어가 있는 유리로 내열강화유리라고도 한다. 화학 및 실험기구나 식기용, 그리고 전기절연기구 등에 사용된다. 열과 온도변화에 강해 직접 불에 닿는 용도로 쓰이며, 물때가 끼는 것과 끼지 않는 유리가 있다. 성형성이 우수하고, 대량생산에 적합하다.

캐스팅(Casting) 유리

750~900℃ 사이에서 만들어지며, 일회용 석고와 규석을 일정한 비율로 혼합한 틀에서 성형된다. 실투현상이 잘 일어나지 않는 유리에 적합하며, 작업시간이 길어지면 투명성을 잃는 실투현상이 일어난다. 조형물이나 건축재 등의 제작에 사용된다.

블로잉(Blowing) 유리

크게 색유리와 투명유리로 나뉘며, 블로잉 작업시 빨리 식지 않는 유리가 적합하다. 열에 가열된 액체상태의 유리를 속이 빈 파이프 끝에 바른 후 입으로 불어서 만드는 방법으로 고도의 순발력을 필요로 한다. 접시나 화병 등 조형물을 만들 때 사용하며, 블로잉 용해로는 1,200~1,400℃의 온도를 유지해야 한다.

유리가구

유리는 1851년 런던만국박람회의 수정궁에 사용된 이래로 모더니즘 건축에 자주 사용되는 재료이다. 또한 경쾌하고 공간을 넓어 보이게 하며, 다소 차갑지만 세련된 느낌으로 모던한 가구에 사용된다. 바우하우스를 창립한 그로피우스는 1930년에 유리와 금속을 혼합하여 휴게실에 놓인 가구를 디자인하였다. 장식을 배제하고 기능성에 충실한 티테이블과 스툴, 그리고 바 테이블은 청결하며, 정제된 미를 느끼게 한다.

그로피우스 가구

08 섬 유

섬유는 크게 천연섬유와 인조섬유로 나누며, 의복, 커튼, 침구를 비롯하여 가구의 좌판이나 등받이, 그리고 소파 등에 사용된다. 가구로는 주로 소파에 사용되는데, 가죽소파보다 무늬와 색상이 다양하며, 세탁이 용이하다. 부드러우며 특히 가을이나 겨울에 느껴지는 따뜻함과 저렴한 가격이 좋은 점이다.

천연섬유

천연섬유란 천연 그대로의 상태로 간단한 물리적 조작에 의해 섬유로서 이용할 수 있는 것을 가리킨다. 크게 식물섬유(면화, 아마), 동물섬유(견, 양모), 광물섬유(석면)로 구분한다.

■ 천연섬유의 특징

- 쾌적성이 뛰어나다.
- 인조섬유보다 심미성이 우수하다.
- 공급이 일정치 않아 가격변동성이 크다.
- 재배, 사육, 기후에 영향을 받아 생산량을 조절하기 어렵다.

식물섬유

- 면 : 무명이나 목화솜에서 나온 실로 짠 것으로, 흡수성·염색성이 우수하다. 의료·장식·공업용품 등 실용적인 용도로 많이 사용되며, 면의 생산 및 소비량은 전체섬유의 약 50%를 차지한다. 잘 구겨져 폴리에스테르와 혼방하는 경우가 많다.

· 마 : 흡수성도 빠르고 또한 수분도 쉽게 증발시킨다. 튼튼하고 광택이 풍부하고, 열의 양도체(良導體)로 여름 의복제작이 적합하다. 황마(黃麻)·아마(亞麻)·대마(大麻)·저마(苧麻)는 식물의 줄기에서 나오며, 부드럽고 의료의 원료로 사용되고 있다. 사이잘마·마닐라마 등은 잎에서 취한 것으로 단단하고 산업용 직물·인테리어용으로 사용한다. 아마는 리넨(linen)이라고도 하며, 아마의 목질 부분을 이용하여 만든다. 열전도율이 크고 뻣뻣하며, 시원하고 편해 여름철 옷감으로 사용되지만 잘 구겨져 폴리에스테르나 아크릴과 혼방하여 쓰인다.

동물섬유

· 견 : 누에고치에서 뽑은 실로 만든 섬유로 촉감이 부드럽고 광택이 있으며, 보온성이 우수하다. 가볍고 질기나 햇빛에 오래 노출되면 색이 변하는 단점이 있다. 원산지는 중국이며, 견의 수출국가로 우리나라와 중국을 들 수 있다.

· 모 : 양이나 염소의 털로 만든 섬유로 흡습성과 탄력성, 보온성이 뛰어나다. 표면에 털 비늘이 있으며, 구겨지지 않고 형태가 흩어지지 않는다. 소파나 의자 커버로 사용되며, 잘 수축되므로 물세탁 시 주의해야 한다. 오스트레일리아의 양모생산은 전 세계 생산량의 1/3을 차지하고, 우리나라는 전량 수입에 의존한다.

광물섬유

석면은 유일한 광물섬유로 암석층에 있으며, 북미나 러시아, 이탈리아 등에 분포되어 있다. 솜처럼 부드러운 섬유로 마그네슘과 규소를 포함한 광물질이다. 광택과 탄성을 지니며, 불과 마찰에 잘 견딘다. 절연성이 있어 석면방직, 건설, 조선, 건축재료 및 방음물질로도 사용된다.

인조섬유

인조섬유는 주로 목재·석유·석탄·천여가스에서 얻으며, 화학섬유라고도 부른다. 천연섬유의 단점을 보완하여 만든 것으로 크게 무기질과 유기질 섬유로 나뉜다.

■ 인조섬유의 종류

- 레이온 : 천연재료를 화학 처리한 것으로 흡습성과 광택이 좋지만 강도가 약하여 옷의 안감에 사용된다.
- 나일론 : 원유를 원료로 하며, 강도와 탄성은 크지만, 흡습성이 좋지 않고 햇빛에 약하다.
- 폴리에스테르 : 강도가 크고 잘 구겨지지 않아 면, 마, 양모 등과의 혼방에 사용한다. 인조섬유 중 가장 많이 사용되며, 흡습성이 부족하고, 정전기가 잘 발생하는 것이 단점이다. 소파나 침대 머리판, 의자 커버에 사용된다.
- 아크릴 : 보온성과 탄력성이 좋아 양모 대용으로 사용된다.

■ 인조섬유의 특징

- 자연조건의 제약을 받지 않는다.
- 천연섬유에 비해 가볍고 질기며 내구성이 있다.
- 생산의 증감이 비교적 자유로워 생산량을 조절할 수 있다.

가구에 사용되는 천

천은 의자의 좌판과 등받이에 부분적으로 사용되거나 소파 전체에 사용된다. 가구를 오래 쓰기 위해서는 사용 재료의 실용성이 좋아야 하기 때문에 천연섬유보다는 인조섬유가 주로 사용된다. 천은 가죽보다 쉽게 더러워지기 때문에 세탁이 용이하도록 탈부착이 쉬워야 한다. 또한 잦은 마찰에 의해 생기는 보푸라기가 적어야 하며 방수, 방충, 방오처리가 되어 있는 것이 좋다. 천 소파의 정전기는 겨울에 건조하기 때문에 생기며, 주로 인조섬유에 나타난다. 정전기 방지를 위해서는 실내에 수분을 보충하거나 손과 몸이 건조하지 않도록 하고, 정전기 방지용 세제를 넣어 세탁하는 것이 좋다.

날염은 염색법의 하나로 천을 짠 후에 부분적으로 무늬와 색상을 가미한 것으로 착색제에 따라 염료날염과 안료날염으로 나뉜다. 선염은 직조 전에 실을 염색하는 것으로 후염에 반대되는 말이다. 선염은 견뢰도가 강하고, 날염과 달리 직조한 것의 앞 뒤 차이가 없다. 생산의 증감이 비교적 자유로워 생산량을 조절할 수 있다.

알레산드로 멘디니 (Alessandro Mendini, 1931~2019, 이탈리아)

이탈리아를 대표하는 디자이너 및 건축가인 멘디니는 폴리텍대학에서 수학했다. 또한 1970년부터 76년까지 잡지사 편집일을 하였으며, 1976년의 알키미아 창립에도 참여한다. 1980년부터 85년까지는 잡지 도무스(Domus)의 제작을 맡으며, 1983년 이후에는 비엔나의 응용예술전문학교에서 디자인을 가르쳤다.

■프로우스트 안락의자(Poltrona di Proust), 1978

이 의자는 목재와 천으로 된 안락의자에 그림을 그린 것으로 알키미아를 위한 재디자인 시리즈의 하나이다. 18세기 프랑스에서 유행했던 새로운 바로크양식을 재디자인한 것으로 화려하고 다양한 색상이 특징이다. 제작할 당시에 프랑스 소설가 마르셀 프로우스트의 생애와 더불어 알맞은 천의 견본을 위하여 고심하던 끝에 나온 아이디어라고 한다.

프로우스트 안락의자

자카드(Jacquard)

이것은 자카드 직조기로 짜는데 여러 가지 조직이 혼합되며, 복잡한 꽃이나 식물줄기 또는 기하학적인 자유곡선 문양이 바탕천보다 도드라지게 만들어진 것이다. 일반 천보다 두꺼우며 가격이 비싸고, 소재로는 샤넬, 면, 폴리혼방, 모, 실크 등 다양하게 생산된다. 의자의 등받이나 좌판, 소파, 쿠션, 커튼 등으로 사용된다.

벨벳(Velvet)

비로드(veludo)라고도 하며, 종류에는 시폰 벨벳(chiffon velvet), 레이온 벨벳(rayon velvet), 브로케이드 벨벳(brocade velvet) 등이 있다. 벨벳은 이탈리아어의 벨루토(velluto)에서 유래하였으며, 르네상스의 대표적인 복식재료(服飾材料)로 보급되었다. 독특한 광택, 촉감, 외관 등으로 귀하게 여겨졌는데, 생산의 증가와 종류의 다양화에 따라 널리 보급되었다. 의류, 모자, 실내장식, 의자덮개 등에 사용된다. 벨벳소파는 부드럽고, 비교적 집진드기가 적게 서식하는 편이다. 엔틱 스타일의 소파 등 방석에 주로 쓰이며, 우아하고 고급스러우며 여성적이지만 관리가 어렵다.

자카드

샤넬

천에 사용된 실이 샤넬사(絲)이기 때문에 붙여진 이름으로 털이 붙은 듯한 두툼한 실로 짠 천이다.

코튼(Cotton)

무명이나 목화솜에서 나온 실로 짠 천으로 섬유 중에서 대량생산이 가장 많이 되고 있다. 튼튼하며, 습기가 많을 때 강도가 불어나므로 세탁에 강하고 보온성도 뛰어나다. 또한 수분이 증발할 때에 열을 빼앗으므로 여름옷으로 적당하다. 쉽게 구겨지고 오그라드는 단점 때문에 샌퍼라이즈 가공이나 실크의 광택을 첨가하는 실켓가공이 이루어지고 있다. 샌퍼라이즈 가공은 미리 한 번 수축시켜 놓은 것으로 방축가공의 하나이다.

목화

09 가 죽

오랜 역사를 지닌 가죽은 동물의 껍질을 화학적·물리적 방법으로 처리하여 동물성 섬유구조를 광물성 섬유구조로 바꾸어 가공한 것을 말한다. 동물의 털을 제거하여 가죽으로 만들며, 털이나 울(wool)이 그대로 남아 있게 하여 모피로 만들기도 한다. 원피 한 장을 몇 개의 층으로 분할하여 만들기도 하는데, 이때 털이 붙은 쪽이 은면이고 분할되어 떨어져 나온 아래층을 상피라고 한다. 가죽은 건조하면 수축하고 습기가 있을 때는 늘어난다. 따라서 태양빛을 직접 쬐는 것을 피해야 줄어들거나 변색되는 것을 방지할 수 있다. 가죽에는 천연가죽과 인조가죽이 있으며, 용도에 따라 의상지에 쓰이는 의류가죽, 구두에 사용되는 신발가죽, 마지막으로 소파와 같은 가구에 쓰이는 가구가죽이 있다.

천연가죽

천연가죽은 원피의 가장 우수한 층의 가죽에 단백질의 섬유조직을 정착, 고정, 가공염색처리하는 것을 말한다. 부위별로 무늬가 다른 데, 목과 배 부분은 주름이 많고 커서 소파의 경우 시각적으로 잘 띄지 않는 측면이나 안쪽에 사용하며, 무늬가 작고 고르며, 매끈한 가죽은 등, 허리, 엉덩이 부위로 눈에 잘 띄는 바닥방석과 등방석에 사용한다. 세계적으로 동물보호운동과 환경문제로 인하여 차츰 공급이 감소되고 있는 실정이다.

천연가죽

■ 천연가죽의 특징

- 감촉이 좋으며, 통풍이 잘 된다.
- 땀과 같은 수분 흡수율이 좋다.
- 인체에 무해하며 정전기가 없다.
- 글씨나 문양을 새길 때는 불에 달군 금속으로 눌러 찍는다.
- 오래 쓰면 늘어난다.
- 표면 무늬가 고르지 않아 부위별로 골라 사용해야 하므로 재료 손실이 많아 비싸다.

천연가죽소파

원피

동물의 피부를 가공하기 전의 상태는 생피라하며, 원피는 가죽 표면에 있는 털을 비롯해 육질과 천연지방층이 가공된 상태를 말한다. 가죽을 만드는 데 가장 중요한 것은 원피로 가구에 쓰이는 종류로는 소, 말, 돼지, 양 등이 있다. 원피는 생유기간이 짧을수록 조직이 치밀하며, 모공이 작고, 상처나 흠이 없어 좋다. 겨울철 원피는 털이 길고 지방분이 많아 여름철에 도살된 것보다 질이 떨어진다.

새끼를 낳은 암소는 피질이 부위별로 차이가 커 배쪽 부분은 섬유가 늘어나서 면 뜨는 현상이 많이 발생한다. 또한 서늘하고 습도가 높으며 거친 기후에서 자란 원피의 상태는 덥고 건조한 기후에서 자란 것보다 상태가 좋고, 산악지방의 원피는 저지대 원피보다 좋으며, 중량도 20% 정도 무겁다.

■ 원피의 종류

원피는 동물의 크기나 성숙한 정도에 따라 하이드(hide)와 스킨(skin)으로 나누며, 하이드에는 소, 말, 코끼리, 하마 그리고 작은 동물 중 어른인 경우이며, 스킨에는 양, 염소, 돼지, 파충류 그리고 큰 동물 중 새끼인 경우가 속한다.

- 소가죽 : 가구, 의류, 벨트에 주로 쓰이며, 가죽의 은면이 얇고, 편편하며, 아름답다. 소의 나이에 따라 성우피, 중우피, 소우피로 나뉘며, 가구재로는 견고한 성우피가 적당하다.
- 말가죽 : 재질은 소가죽보다 떨어지며, 얇고 유연하며, 표면은 소가죽보다 촉감이 좋다. 섬유의 탄력성이 좋고 정밀하며, 강하다.
- 양가죽 : 은면층이 두껍고 유연하며, 방한성이 뛰어나다. 산양피는 가볍고 부드러워 구두의 안감이나 장갑, 의복 등에 사용된다.
- 돼지피 : 오래 전부터 방패에 사용된 가죽으로 가죽 중에 가장 질이 안 좋다. 은면이 두껍고 모공이 깊으며, 얇고 유연하여 안장이나 구두에 사용된다.

스웨이드(Suede)

새끼 양이나 새끼 소 따위의 가죽을 부드럽게 부풀린 가죽 또는 그것을 모방하여 짠 직물이다. 벨벳처럼 처리해 놓은 가죽으로 광택이 없으며, 타닌산이라든가 의산 알데히드로 탈지가공하고 안을 숫돌로 문질러 솜털을 세운 것이다. 가볍고, 부드러우며, 가격이 저렴하다. 코팅되어 있지 않아 오염에 약하고 세탁이 어렵다. 새끼염소가죽뿐만 아니라 송아지가죽과 돼지가죽으로도 응용하며, 가방·구두·장갑·재킷 등에 쓰인다.

인조가죽(Artificial Leather)

인조가죽은 천연가죽의 장점은 유지하고, 공급물량이 적어 고가인 단점을 부직포와 폴리우레탄을 소재로 하여 인공적으로 만든 가죽이다. 즉 천연가죽의 구조와 기능을 인공적으로 만든 것이다.

합성가죽은 비닐가죽을 개량하고 발전시킨 것인데, 표면층만 천연가죽과 비슷하다. 가죽이나 나일론을 원료로 화학적으로 합성하여 가죽처럼 만든 가죽대용품으로 합성피혁이라고도 한다. 각종 가방류, 책의 두꺼운 표지에 사용하는데 가죽에 비해 값이 싸면서도 보기에는 가죽과 비슷하다.

인조가죽

아닐린 가죽(Aniline Leather)

무독성 아닐린 염료로 염색한 가죽으로 보호코팅과 같은 후 가공이 없는 원피에 가까운 가죽이다. 원피 중 흠없는 부분만 골라 만들어야하므로 가격이 비싸지만, 부드러운 가죽의 질감이 살아있는 것이 장점이다. 흡수성과 통기성이 우수하며, 시간이 지날수록 고풍스러우나 스크래치가 잘 나는 것이 단점이다.

아닐린 가죽

독고가죽

독고가죽은 동물의 피부조직이 없는 가죽의 안감을 접착제를 사용하여 얇은 필름으로 코팅한 것을 말한다.

샤무드

샤무드는 스웨이드와 샤무아(Chamois)의 합성어로 인공피혁을 말한다. 털이 짧고 인조가죽스타일이어서 얼룩에 취약하지만 벨벳에 비해 늘어나는 것은 덜한 편이다. 신발이나 잡화용은 나일론 샤무드를 사용하며, 가구에는 폴리에스테르 샤무드가 사용된다. 미려한 외관과 부드러운 촉감이 장점이며, 가볍고 대량생산이 용이하다.

■ 인조가죽의 특징

- 가볍고 관리가 용이하다.
- 때가 타거나 쉽게 오염되지 않는다.
- 가격이 천연가죽에 비하여 저렴하다.
- 색상이 다양하며, 제작가공성이 용이하다.
- 글씨나 문양을 새길 때는 자수나 특수페인트로 처리한다.
- 통풍이 안 된다.
- 땀과 같은 수분 흡수율이 낮다.
- 오래 쓰면 표면이 갈라지거나 깨진다.
- 천연가죽보다 표면강도가 강하여 부드럽지 않다.
- 무늬가 일정하여 대량생산에 용이하지만, 자연성이 떨어진다.

샤무아

가죽소파

가죽소파에 들어가는 가죽의 양은 가죽 1평을 30.3cm×30.3cm으로 했을 때, 소 한 마리는 평균 60평 정도가 나온다. 일반적으로 전피소파세트(1, 1, 3인용)에 드는 가죽소요량은 6~7마리 정도이며, 목형 소파의 경우는 이보다 적은 5~6마리 정도이다. 그러나 물소 가죽소파는 12~15마리의 물소를 필요로 하기 때문에 가격이 더 비싸다.

■ 조(Joe). 1970. 이탈리아

1966년 세 명의 이탈리아 디자이너(Jonathan De Pas, Donato D'Urbino, Paolo Lomazzi)는 건축과 도시계획, 그리고 공업디자인을 전문으로 하는 사무실을 함께 설립하였으며, 현재까지도 함께 일하고 있다.

야구글러브를 연상케하는 이 안락의자는 폴리우레탄폼과 가죽으로 만들어졌으며, 1964년 베니스비엔날레에서 처음으로 알려진 미국 팝아트의 영향을 받았다.

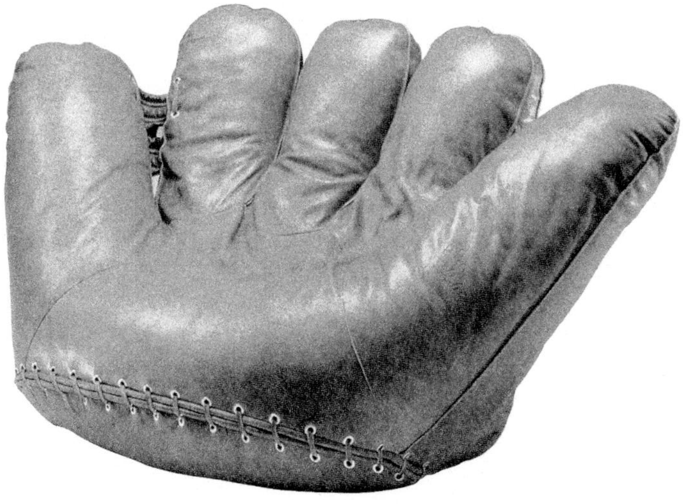

JOE

10 재활용 재료

재활용 재료는 먹고 남은 음료수 캔이나 플라스틱 패트병, 입어서 해진 옷, 물건을 살 때 상품을 포장해 온 종이박스, 낡은 의자 등 매우 다양하다. 이렇듯 넘쳐나는 쓰레기는 지구를 오염시키는 주범으로 대두되면서 이것을 재활용하여 다시 사용할 수 있는 방법에 대하여 고민하게 되었다. 세계적인 가구디자이너들이 이에 발맞춰 재활용 재료를 활용한 가구디자인을 시도하고 있다.

네덜란드의 그룹 「Droog」과 피트 하인이크, 폴란드의 파벨 그루너트가 그 대표적인 디자이너이다.

드록 디자인(Droog Design, 1993, 네덜란드)

드록은 네덜란드어로'건조하다'라는 의미이며, '건조한 유머(dry humor)'는 네덜란드에서 멋진 유머를 구사한다는 뜻으로 드록디자인은 주제를 드러내놓고 이야기하지 않고 이면에 숨기고 있다. 라마커(Ramaker)와 바커(Bakker)가 공동으로 암스테르담에 설립하였다. 생태와 환경에 대한 메시지를 전하는 실험적인 작품들을 발표하며, 물질주의를 비판하고 있으며, 디자인의 새로운 해석과 개념적 접근시도로 드록 디자인의 모든 활동들이 문화적 운동의 한 부분으로 자리잡으면서 세계적으로 알려지게 되었다.

■ Rag Chair

테요 레미가 1991년에 디자인한 의자로 버려진 옷가지나 천으로 만들어졌다. 의자 중심에 목재로 틀을 만들고, 넝마를 올린 뒤 쇠줄로 잡아당겨 제작하였다. 과잉소비문화에 대한 비판이 내포되어 있다.

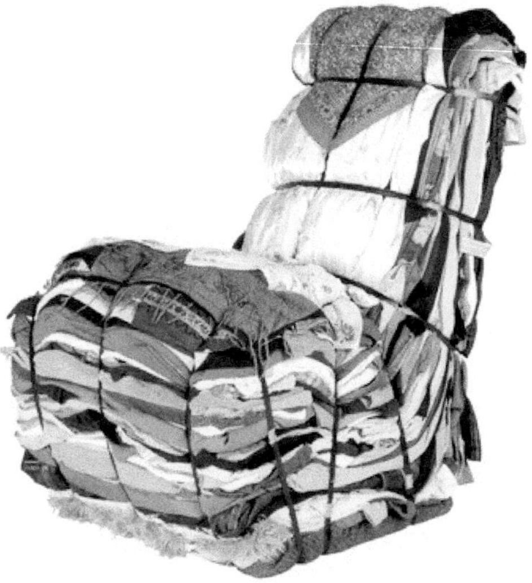

넝마

■ Chest of Chair

테요 레미가 1991년에 디자인한 것으로 가구의 서랍들을 모아 고무밴드로 잡아맨듯이 연출한 것이 독창적이다.

Cheest of Chair

| 파벨 그루너트(Pawel Grunert, 1965~, 폴란드)

바르샤바대학에서 실내건축을 수학하였으며, 가구디자이너와 조각가로 활동하고 있다. 천연재료인 나뭇가지, 식물덩굴, 짚, 목재 등의 천연재료를 사용하거나 재활용 재료를 활용하여 실용적인 디자인보다는 환경에 대한 인식을 새롭게 할 수 있는 실험적인 디자인을 선보이고 있다.

■ 패트병 안락의자

쓰다 버린 플라스틱병을 금속줄로 연결하고, 다리처럼 지지하게 만든 안락의자로 내부에 등을 설치하여 불이 들어오게 하였다. 좌판이 울룩불룩하여 그다지 편하지는 않지만 패트병으로 제작했다는데 의의가 크며, 불을 켰을 때는 바다와 같은 패트병의 푸른색이 돋보이는 작품이다.

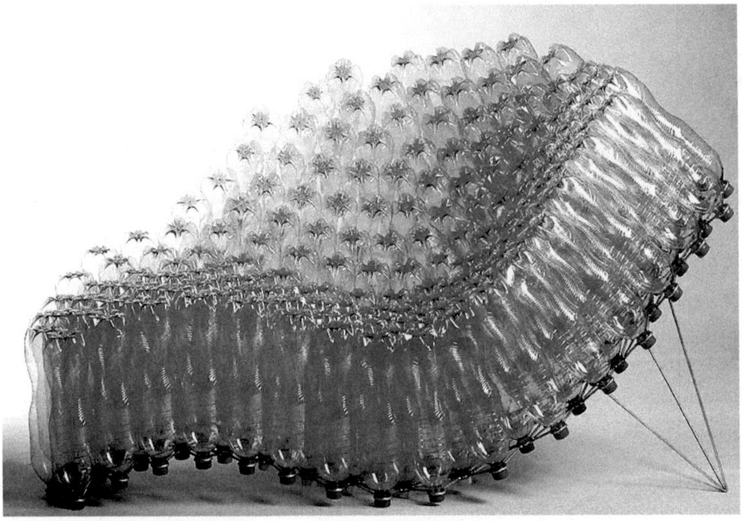

패트병 안락의자

피트 하인이크(Piet Hein Eek, 1967~, 네덜란드)

아인트호벤에서 산업디자인을 전공했으며, 폐목재를 모아 가구를 만드는 디자이너로 유명하다. 인도네시아나 필리핀을 여행하면서 버려진 배와 건물에서 나무판을 수집하고 손질해서 새로운 가구를 제작하였다. 마치 다양한 색상의 천조각을 이어 만든 보자기 같은 느낌이 우리의 정서에 잘 어울리며, 매끄럽지 않은 투박함이 자연스러움을 더 강조하고 있다.

피트의 테이블과 의자

수납장

11 표면처리기법

나전칠기

나전칠기의 재료로 사용되는 패(조개)는 크게 3가지로 소라, 전복, 진주가 있다. 이 외에도 일본에서 양식용 조개를 가공한 양식패와 펄조개, 말조개 등의 민물조개가 있다.

패의 종류

■소라

야광패와 수도리패로 나뉘며, 야광패는 색상이 짙고 재료 중 가장 화려하고 아름다워 비싸다. 푸른색이나 분홍색이 강한 진주광이 특징이며, 문양이나 주요 부분에 상감이나 끊음질 법으로 사용된다. 수도리패는 고둥으로 흰색에 무지개빛이 도는 것으로 깔끔한 문양에 쓰인다.

■전복

전복류는 조개형태를 총칭하는 말로 청패라고도 부른다. 청패는 전복의 껍질로 색상이 다양하며, 가장 좋은 색상의 것을 구로봉이라 칭한다. 붉은색과 푸른색이 감돌면서 색상이 진한 색패는 공급이 적어 고급패로 분류되며, 끊음질에 사용된다. 이 외에도 수입되는 나라이름을 붙여 대만패, 멕시코패, 호주패 등이 있다.

색패

■진주

색상에 따라 흰진주패, 노란진주패, 홍진주패, 흑진주패 등으로 구분된다. 흰진주패는 공작이나 원앙 같은 조류를 표현할 때 사용되며, 조각시 패의 요철이 아름답다. 노란진주 패는 패의 바깥쪽이 짙은 노란색이며, 홍진주패는 패가 강해 조각할 때 부서지기 쉽다. 흑진주패는 보통 진주패보다 작으며, 패의 바깥쪽이 검은색을 띤다.

호주패

■ 나전 붙이기

- 종이에 붓이나 얇은 펜으로 밑그림을 그린다.
- 밑그림 위에 트레이싱지를 올려놓고 밑그림대로 따라 그린다.
- 미리 준비된 자개 위에 트레이싱지 그림을 올린다.
- 연필을 눕혀 트레이싱지 아래에 놓인 자개의 결모양이 드러나도록 문지른다.
- 처음에 그린 밑그림종이 위에 자개의 결을 떠낸 트레이싱지를 올려놓고 문양을 촘촘히 뜬다.
- 자개에 물풀이나 쌀풀로 트레이싱지의 모양과 일치하게 붙인 후 말린다.
- 세공용 톱으로 문양에 따라 자개를 오린다(줄음질).
- 자개에 묽게 만든 아교를 칠하고 백골에 붙인다.
- 50~60℃로 달군 인두로 트레이싱지 위에서 눌러 자개를 백골에 부착한다.
- 열기가 내려가면 뜨거운 물로 아교를 녹이고, 핀셋으로 트레이싱지를 떼어낸다.
- 마른걸레로 물기를 제거하고 그늘에서 말린다.
- 묽은 아교를 자개가 붙은 면에 골고루 칠하여 자개 틈에 아교가 들어가 굳도록 한다.
- 하루 정도 지나 아교가 굳으면 뜨거운 물을 솔에 묻혀 자개에 남은 아교를 깨끗이 닦는다.

우리나라의 나전칠기제품이 아름답고 우수한 이유는 다른 나라처럼 조개패를 사용하지 않고 빛이 영롱한 전복패를 주로 사용하였기 때문이다. 특히 고려시대의 나전칠기는 세계적으로 유명한데, 목심에 베를 바르고 자개를 잘게 오려 붙인 후 자개와 수평이 되도록 옻칠을 하여 층이 진 바탕을 메꾸었다. 전해지는 나전칠기 유물로는 뚜껑이 있는 함이 가장 많으며, 불경을 읽을 때 사용하는 경상에도 보여진다. 전국시대부터 나타나는 중국의 나전칠기가 당나라 때 우리나라에 전해져 백제를 비롯하여 삼한시대와 통일신라시대에도 현존하였다. 고려시대에 전성기를 맞게 된 나전칠기의 현존하는 유물은 적지만, <동국문헌비고>나 <고려도경>과 같은 문헌에 당시의 나전칠기가 귀하게 여겨졌음을 기록하고 있다.

흑칠나전대모구강초문염주합(고려시대)
높이 4.5cm, 지름 12.4cm, 전복패.
12세기. 일본 다이마사 소장

필리핀 조개패(2012)

옻칠

옻칠은 옻나무에서 채취한 수액을 이용하여 만든 천연도료로 우리나라를 비롯하여 동남아시아에서 생산된다. 옻산(우루시올), 수분, 고무질, 함소물질 등으로 이루어진 옻칠은 수액 자체에 함유된 성분끼리 반응하여 피막을 형성하며, 공기와 접촉시 견고하게 굳어진다. 가장 좋은 질의 옻은 8~10년된 옻나무에서 채취한 수액이며, 채취시기는 일년 중 6월에서 10월 사이가 좋다. 고려시대는 나전칠기와 같이 옻칠이 가장 번성한 시기였으나 일반화되지 못했으며, 서민층이 사용하게 된 것은 조선시대이다. 고려시대에 만들어진 팔만대장경에는 옻칠이 되어 있는데, 당시 경판 한 장에 사용된 옻의 양은 약 5g으로 전체 소요량은 옻나무 약 40만 그루를 베어내야 칠할 수 있는 양이었다.

중국 옻칠의 시작은 전국시대(B.C 403~B.C 221)로 추정된다. 유럽에서는 루이 15세 때 중국의 옻칠가구가 성행하였으며, 17세기에는 일본의 옻칠이 유럽에 전해졌다.

옻칠이 현대의 다른 도료와 달리 보편화되지 못한 것은 칠하는 현장의 조건과 계절에 따른 기후조건, 그리고 칠을 하는 사람에 따라 그 효과가 달라지기 때문이다. 또한 한국과 중국, 일본에서 나는 옻에는 우루시올이 60~80% 함유되어 있어 사람에 따라 손이나 얼굴에 닿으면 피부가 벌겋게 달아오르면서 가려움증을 동반한다. 옻의 주성분인 우루시올은 노란색의 액체로 피부에 닿아 염증을 일으키는 독성과 열성을 지닌다.

■ 옻칠의 특징

- 변색되지 않는다.
- 광택이 우수하다.
- 도막이 우수하다.
- 방충성과 절연성이 뛰어나다.
- 방부성과 방수성이 우수하다.
- 건조시간이 오래 걸린다.
- 얇게 바르고 굳히는 작업을 반복해야 하므로 도장시간이 오래 걸린다.

옻칠의 종류

옻칠의 종류는 크게 생칠과 정제칠로 구분된다. 생칠은 옻나무에서 채취한 수액에서 불순물을 제거한 것으로 칠기공예나 목재의 방부 또는 접착용으로 쓰인다. 여기에는 초칠, 성칠, 말칠, 지칠, 화칠 등이 있다. 정제칠은 생칠을 가공하거나 화학처리한 것으로 다시 흑칠과 투명칠로 구분된다. 생칠에 비해 수분이 적으므로 주름이 생기지 않으며, 칠의 두께가 두꺼워져도 표면을 일정하게 유지한다.

■ 생칠

옻나무의 수액이 처음에는 유백색이나 산소와 만나서 연한 다갈색이 되며 투명하고 끈적끈적한 액체가 된다. 18~25℃의 온도와 75~85℃의 습도 조건에서 건조가 가장 빠르다. 수분이 많아 하루 이상 건조시켜야하며, 평균 도막 두께 0.16mm 이하를 유지하며 칠을 발라야 백화현상이나 무광 같은 결점이 일어나지 않는다.

■ 정제칠

정제칠에는 흑칠과 투명칠이 있다.

투명칠

투명도가 높고 옻 성분이 가장 좋은 양질의 성칠을 정제시킨 것으로 유류(油類), 송진, 자황(雌潢), 살구즙 등의 첨가제를 넣는다. 첨가제로 인하여 인장강도가 약해지며, 투명칠에 천연안료를 섞어 다양한 색칠(色漆)을 만들 수 있다.

흑칠

정제된 액체에 유연(油煙), 철분, 수산화철, 흑색안료 등의 착색제를 넣어 만든다.

■ 건칠

옻칠과 삼베, 하지용 재료를 반복하여 접착시켜 형태를 만들어 가는 방법으로 가볍지만, 제작기간이 길고 재료가 많이 드는 단점이 있다. 이러한 문제점을 해결하기 위하여 합성수지나 스티로폼 등을 소지로 이용하기도 한다.

방법에 따라 탈건칠(脫乾漆), 목심건칠(木心乾漆), 목조건칠(木彫乾漆)로 나누며, 식기류나 불상을 만드는데 이용된다.

■ 옻 채취 과정

- 긁기용 낫으로 옻의 용액이 흘러나오도록 옻나무 표면에 5mm 정도의 두께로 수평이 되도록 흠을 낸다.
- 가로 폭이 100~150mm 정도가 될 때까지 그은 다음 긁기용 낫의 뒷부분으로 껍질을 잘라 마무리한다.
- 표면의 파인 홈에서 흘러나온 용액을 주걱칼을 이용하여 받은 다음 통에 담는다.
- 옷은 나무를 심은후 5년 이상 되어야 처음으로 옻채취가 가능하며, 채취 후 1년은 기능회복을 위해 채취하지 않는다.
- 일반적으로 시기는 7월부터 8월까지 채취한다.

옻 채취 과정(한국공예·디자인문화진흥원)

■ 옻칠 과정

· 백골에 생옻을 바른다. 백골에는 단풍나무, 홍송, 미송, 오동나무, 은행나무 등이 주로 사용된다.

생옻칠은 나무의 눈매를 메우고, 백골을 견고하게 해준다. 더운 여름에는 생옻과 배합하는 희석제의 양을 줄이고 추운 겨울에는 희석제의 양을 약간 높인다.

· 생옻칠한 백골을 건조시킨다.

건조장의 온도는 20~25℃, 습도는 70%~80%가 좋다. 생옻은 이미 20% 이상의 수분을 갖고 있어 습기가 많으면 백골에 변형이 생기므로 주의해야 한다. 또한 백골에 햇볕이 닿지 않도록 그늘진 곳에서 작업해야한다.

· 건조된 백골을 손질한다.

갈라지거나 고르지 못한 면, 또는 패인 곳 등의 표면결함을 손질하는 것으로 풀과 생옻을 반죽하여 틈을 메우는 충진제로 사용하며, 경우에 따라서는 톱밥을 넣기도 한다. 충진제는 상온과 바람이 잘 통하는 곳에서 5시간 이상 건조시켜야 한다. 건조 후 충진제를 메운 곳과 백골표면을 고르게 하기 위해 타원형을 그리듯 사포로 문지른다.

소지에 옻칠하기

· 나뭇결을 메운다.

목재의 나뭇결을 메우는 작업으로 황토나 불에 구운 기왓가루 등과 배합한 생옻을 백골에 바른다. 특히 기공이 많은 활엽수로 된 백골작업을 할 때 중요하다.

· 심을 바른다.

소지를 견고하게 고정시키는 방법으로 삼베, 무명, 광목, 모시 등을 바른다. 전통칠기 제작과정 중 가장 중요한 공정으로 소지에 생긴 요철을 없애고, 이음매를 단단하게 고정시키는 역할을 한다. 심이 뭉치지 않고 평면을 유지하며, 소지에 잘 붙도록 주걱에 힘을 주어 당긴다. 심을 바른 것을 건조시킨 후 심이 겹치거나 실올이 풀어진 곳은 칼로 정리하여 편편하게 만든다.

· 초벌고래를 바른다.

고래는 땅 사이에 아래로 낮게 패인 고랑이나 골을 일컫는 함북지역의 방언이다. 바른 심의 눈메를 없애고 평면을 고르게 하기 위한 작업으로 자개를 붙이기 위한 기초도장이다. 불에 구운 황토나 구운 기왓장 또는 숯가루 등을 곱게 가루로 만들어 풀과 생옻을 배합하여 충진제를 만든다. 풀을 섞는 이유는 생옻의 건조를 도우며, 점성으로 주걱작업을 수월하게 하지만 과다하면 견고하지 못하다. 초벌은 칠기작업 중 가장 두껍게 해야 하므로 황토의 비율을 높게 하는 것이 좋다. 고래 바르기가 끝나면 실내에서 건조시키고, 평면을 고르게 하기 위해 사포질로 마무리한다.

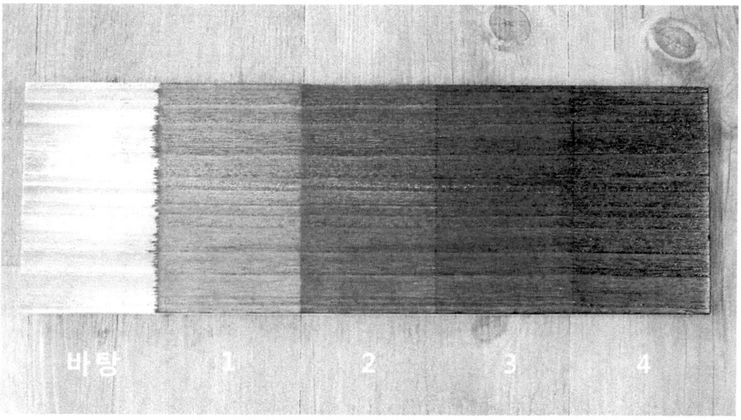

옻칠단계

- 재벌고래를 바른다.

  초벌고래를 바른 후에도 남아 있는 눈메를 메우고, 거친 초벌칠을 다듬기 위해 재벌고래를 바른다. 초벌보다 점도가 낮도록 생옻을 더 넣어 배합한 후 주걱자국이 나지 않도록 초벌보다 얇게 바른 후 건조시킨다.
- 고래 위에 생옻을 바른다.

  건조시킨 재벌고래의 표면을 사포로 다듬은 후 생옻을 바르는데, 이것은 고래를 단단하게 고정시키는 것이 목적이다.
- 숯가루 고래를 바른다.

  탄화가 잘 된 숯을 고운 가루로 만들어 풀과 생옻을 배합하여 바르는 것으로 제작자에 따라 생략하기도 한다.
- 초칠한다. 돼지털이나 말총으로 만든 붓인 귀얄로 정제칠을 한다.
- 초칠을 연마한다.

  사포는 320~400이 적당하며, 물사포질과 걸레로 물기를 없애는 과정을 반복해서해야 한다. 초칠 물갈기는 소지에 부착된 자개문양의 부착력을 증대하는데 도움을 준다.
- 중칠한다. 초칠과 동일한 방법으로 한다.
- 중칠을 연마한다.

  사포는 600~1,200까지가 적당하며, 숯을 사용해도 좋다. 숯은 사포연마가 곤란한 티나 먼지 등을 용이하게 제거할 수 있으나 작업시간이 오래 걸린다. 중칠 물갈기는 상칠을 위하여 평면이 고르게 하기 위함이다.
- 상칠한다. 초칠과 동일한 방법으로 한다.
- 상칠을 연마한다.

  사포는 1,200 이상을 사용해야 하는 광내기의 전 단계이다. 상칠 물갈기는 귀얄자국, 먼지, 티를 제거하는데 목적이 있다.
- 광을 낸다.

  화장솜 같이 부드러운 소재에 백색 콤파운드를 발라 문지르고, 금속광택제인 브라소로 2차 광을 내며, 끝으로 밀가루로 기름기를 없앤 후 실리콘으로 닦아 광을 낸다.

캐슈(Cashew)

일본의 '카슈'라는 업체가 캐슈 너트(cashew nut)라는 열매에서 나온 물질과 포르말린을 섞어 만들어 붙여진 이름이다. 건조제가 포함된 가공 도료로 20~30℃의 온도와 60% 이하의 습도가 가장 좋은 건조조건이며, 옻칠보다 도장과정이 단순하여 많이 사용한다. 캐슈는 아프리카와 서인도 같은 열대지방에서 자라며, 열매는 먹고, 나무줄기에서 캐슈 고무를 채취한다. 캐슈칠은 옻칠과 유사하여 표면품질과 밀착성 및 광택이 우수하며, 특히 금속표면 도장이 뛰어나다. 습도가 높으면 물방울현상이 일어나므로 작업실은 옻칠보다 습기가 적은 것이 좋다. 제작시 옻이 오르지 않아 좋지만, 옻칠보다 건조시간이 길고 냄새가 좋지 않은 것이 단점이다.

화각공예

목재의 백골에 소뿔로 만든 판을 부착하는 공예로 부드럽고 화려하여 조선시대 안주인이 거주하는 안방가구에 많이 사용되었다. 소뿔의 크기가 제한적이어서 함 같은 작은 소품을 만들 때에도 수십 장의 소뿔판이 필요하며, 제작과정도 힘들어 고급품에만 사용되었다. 또한 습기와 건조에 약하여 보관이 어려우며, 특히 부레풀의 접착력이 시간이 지남에 따라 떨어지므로 현존하는 공예품이 적다. 따라서 현대에는 소뿔 대신 유리로 대체하여 만들기도 한다.

화각공예품의 특징은 황색이나 적색을 바탕으로 하여 화려한 무늬에서 나타나는 색채의 아름다움에 있다. 마치 비단실로 수를 놓은 자수처럼 딱딱한 소뿔을 사용하여 연출한 그림은 나전과 함께 가구 표면처리기법의 다양성을 보여주는 대표적인 사례인 것이다.

■ 화각재료

· 쇠뿔 : 각지의 중요한 재료이며, 3~4년쯤 된 젊은 어린 뿔로 특히 곧게 뻗은 어린 황소뿔이 좋다.

· 쇠뼈 : 각지와 각지 사이에 경계선을 만들 때 사용하며, 소의 4개 다리 뼈인 사골을 사용한다.

· 민어의 부레 : 민어의 말린 부레로 만든 것으로 화각지의 접착제 또는 그림을 그릴 때 암채의 혼합제로 쓰이며, 부레풀이라고도 한다.

· 암채와 먹 : 그림을 그릴 때, 먹물은 그림의 외곽선을 그리고, 황·적·청·백·흑의 5색을 기본으로 한 광물성 안료인 암채는 채색할 때 사용한다.

· 옻 : 화각지가 붙여지지 않은 백골의 겉과 안을 도장할 때 사용한다.

화각 3층장(19~20세기초. 일본고려미술관소장)

■ 화각 제작 과정

- 어린 소의 뿔을 중간 불에서 4~5시간 물에 삶는다.
- 뿔 안의 뿔뼈를 꺼내고, 뿔 속을 깨끗하게 닦는다.
- 그늘에서 3일간 건조시킨 후 뿔의 뾰족한 끝을 50mm 정도 자른다.
- 둥근 뿔을 편편하게 하기 위해 뿔을 세운 뒤 톱을 사용하여 뿔의 측면을 위에서 아래로 자른다.
- 자른 뿔은 그늘에서 6개월 정도 건조시킨 후 2년 정도 보관했다가 사용한다.
- 뿔을 불 위에서 집게로 잡아당겨 펴서 편편하게 한 후 무거운 것을 올려 놓는다.
- 편편해진 뿔판을 줄, 끌, 사포를 이용하여 0.4~0.5mm 정도로 얇게 만든다.
- 뿔의 바깥쪽은 밝으나 뿔의 안쪽은 검어 안을 깎아 없앤다.
- 얇은 판을 숯과 속새풀 또는 사포로 두께가 0.25~0.3mm가 될 때까지 갈고, 그것을 일정한 크기로 마름질한다.
- 종이에 연필로 밑그림을 그린다.
- 뿔판 아래에 밑그림을 놓고 가는 붓의 먹선으로 스케치를 한다.
- 판의 안쪽에 석채를 민어 부레풀로 개어 그림을 그린다.
- 표면 전체에 바탕색을 칠한다.
- 판을 뒤집어 백골의 표면에 2mm 정도 띄어가며 부레풀로 붙인다. 이때 뿔판이 타지 않도록 주의하며 다림질로 접착한다.
- 밖으로 튀어나온 뿔판은 줄질을 하여 갈아준다.
- 판 사이에 벌어진 틈에 홈을 파고, 사다리꼴로 얇고 길게 갈아낸 소뼈를 아교를 이용하여 눌러가며 끼워 붙인다.
- 각지와 끼워 넣은 경계선의 표면이 편편하도록 갈기칼로 긁어 마무리한다.
- 사포로 다듬고 광택제로 광택을 낸다.
- 화각지가 붙여지지 않은 부분에 옻칠을 한다.
- 마지막으로 경첩, 손잡이 등을 부착한다.

12 접착제

가구의 내구성은 기능측면에서 중요하며, 내구성의 향상을 위해서는 부재와 부재가 결합되는 부분의 하드웨어나 접착제 사용이 면밀하게 고려되어야 한다. 특히 하드웨어에 의존하는 넉다운(Knock down)이나 조립식 가구를 제외한 완제품은 접착제의 사용이 필수적이므로 기능에 부합하고 친환경적인 접착제의 선택이 이루어져야 한다.

접착제의 사용은 고대 이집트 파라오 왕조시대에 카세인(casein)을 사용했으며, 로마시대에는 달걀의 흰자나 치즈로 만든 접착제로 콜로세움을 지었고, 미술품이나 공예품 제작에도 사용했다는 기록이 있다. 이후 20세기에 들어서 합성수지 계통의 접착제가 개발되면서 크게 발전하였다.

접착제는 크게 천연수지계와 합성수지계로 나누며, 천연수지계는 동물, 식물, 카세인 그리고 혈액 등을 원료로 만들어진 것으로 어교, 아교, 카세인 등이 있으며, 합성수지계로는 요소수지접착제, 페놀수지접착제, 멜라민수지접착제, 초산비닐수지접착제, 핫멜트접착제 등이 있다.

천연수지계

어교(魚膠)

어류의 껍질이나 뼈 그리고 어류의 공기 주머니인 부레를 물과 함께 장시간 끓여 점성의 액체로 변하면 이것을 굳혀 만든 전통적인 접착제이다. 어류 중에서 민어의 부레를 상품으로 인정했으며, 조선시대 <세종실록>에는 화살을 만들 때 어교를 사용했다는 기록이 있다. 또한 임금이 공이 큰 신하에게 내리는 하사품의 하나일 정도로 귀하였다. 사용할 때는 고체를 물에 넣고 다시 끓여 액체로 만들어 사용하는데, 한지를 문에 바르거나 나전을 접착하는 등 가구와 민속공예품 등을 제작하는데 사용되었다. 아교가 일반화되기 전까지 주로 사용되었던 인체 무해한 친환경접착제로 현대에 들어서는 유물을 복원하거나 대나무공예품 제작에 주로 사용되나 가구제작엔 사용하지 않는다.

아교(阿膠)

소, 말, 양과 같은 동물의 가죽, 뼈 그리고 힘줄로 만들며, 분말이나 젤리 형태로 판매된다. 약재로도 사용되는 아교는 포름알데히드와 같은 유해물질이 발생되지 않는 전통적인 친환경 접착제로 갈색이나 호백색이다. 어교보다 쉽게 얻을 수 있으며, 접착력이 우수하며, 가격도 어교에 비해 저렴해 어교의 대체재료로 널리 사용되었다. 빨리 굳어 좋으나 사용 중에는 따뜻한 물(40℃-60℃)에 중탕으로 있어야 굳지 않으므로 주의해야한다. 특히 고려시대 나전칠기 제작 시 나전을 붙이거나 화각공예의 소뿔을 붙이는데 사용하였다. 조선시대 법령자료에는 아교장에 관한 기록이 있으며, <경국대전주해>에는 아교에 대한 설명이 있다. 아교로 접착된 부위는 따뜻한 물로 녹일 수 있어서 복원하거나 교정이 용이하다. 그러나 낮은 내수성과 항균성 그리고 습기에 약하고 부패하는 단점으로 현대에는 가구제작에 거의 사용하지 않지만, 책을 제본할 때는 여전히 사용되고 있다.

특히 습기가 많은 여름에는 사용하지 않으며, 겨울철에는 금방 굳는다. 아교로 조립된 제품위에 옻칠을 하면 나무의 눈메에 끼어있던 접착제가 모두 일어나기 때문에 완전히 제거한 다음 칠해야 한다.

아교

카세인

카세인 탈지우유나 버터우유에 식초를 넣어 만든 것으로 분말로 판매되어 사용 전에 물과 섞어 사용한다. 내수성이 좋아 합성수지가 개발되기 전까지 주로 사용된 접착제로 내장용, 구조용 집성재를 만들거나 문에 사용한다. 그러나 탄닌산이 많이 들어있는 참나무에 사용 시에는 변색을 일으키므로 사용하지 않는다. 또한 저온에서도 사용이 가능하며, 접착력이 강하나 실외나 습도가 높은 환경에 노출되는 제품의 접착에는 부적합하다.

식물성 접착제

밀가루, 천연고무, 콩 등에서 나오는 녹말에 물을 혼합한 후 가열하여 만든다. 녹말풀은 합판적층이나 무늬목을 목질재료에 바를 때 사용하며, 천연고무 접착제는 플라스틱이나 업홀스트리 작업 시 접착제로 사용된다. 수분이나 균 그리고 곤충에 취약하므로 여기에 합성수지계 접착제를 혼합하여 단점을 보완하기도 한다.

합성수지계

합성수지계는 다시 열경화성수지와 열가소성수지로 나눈다. 열경화성에는 요소수지 접착제, 페놀수지 접착제, 에폭시 등이 있으며, 열가소성에는 초산비닐수지 접착제, 핫멜트 접착제 등이 있다.

열경화성수지

<요소수지 접착제>

목재용으로 가장 많이 사용되는 것으로 분말이나 액체로 판매된다. 접착력이 우수하고, 경화속도가 빠르다. 사용이 간편하며, 가격도 저렴하나, 내후성이 좋지 않고, 포름알데히드가 방출되어 내장재용 보드나 합판제작에 사용된다.

<페놀수지 접착제>

침엽수 합판제조에 주로 사용되며, 분말이나 액상 또는 필름형태로 판매된다. 접착력이 우수하고, 습기에 대한 내구성이 뛰어나 외장용 합판, 파티클보드 그리고 집성재 제조에 사용한다.

<에폭시(epoxy)>

두 개 이상의 에폭시기를 가지는 중합체로 만들어졌으며, 목재와 금속 또는 석재를 붙일 때 사용하는 강력접착제이다. 내후성과 내부식성이 좋은 플라스틱의 일종으로 경화시간이 길다. 열을 가했을 때 빨리 굳으며, 코팅제로도 사용된다.

<초산비닐수지 접착제>

포름알데히드가 방출되지 않는 친환경접착제이며, 액상형태로 곧바로 사용 할 수 있다. 독성과 화재위험이 없으며, 경화가 빠르고, 접착면이 깨끗하나, 고온에서 견디지 못하는 단점이 있다. 요소수지 접착제보다 내수성이 떨어져 실외용으로는 부적합하나 사용이 간편하고, 건조강도가 높아 가구조립에 널리 사용된다. 조립할 목재에 얇게 도포하고, 클램프로 조여 밖으로 나온 접착제는 물티슈나 휴지로 제거한후 일정시간 이상 건조시킨다. 흰색과 아이보리색이 있으며, 흰색으로는 오공 205 본드가 대표적인데, 국내산으로 굳는 시간이 길지만, 강도가 우수하다. 가격이 저렴하고, 친환경접착제로 복잡한 구조의 접착에 주로 사용한다. 독일에서 수입되는 파텍스(Pattex)도 오공본드와 마찬가지로 처음엔 흰색이나 마르면 투명해진다. 친환경제품으로 보통 30분 이내에 굳지만, 접착제의 도포 면적이나 양에 따라 더 긴 시간이 필요하며, 최소 12시간이 경과해야 완전하게 굳는다. 아이보리색에는 미국에서 수입되는 타이트본드(Titebond)가 있으며, 건조시간은 파텍스와 유사하나 굳은 후 아이보리색을 띤다. 점성이 파텍스보다 묽어 접착 시 흘러내리지 않도록 유의해야하며, 파텍스와 타이본드는 오공본드보다 건조시간이 빨라 간단한 조립에 주로 사용된다.

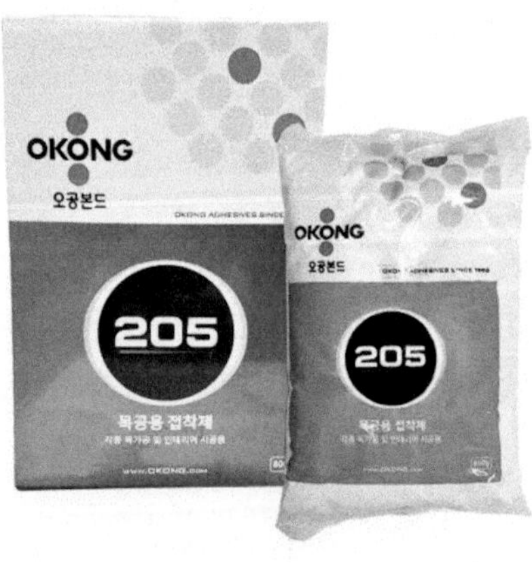

오공 205밴드

파텍스

타이트본드

<핫멜트(Hot-melt)접착제>

1950년대 중반부터 사용되었으며, 리본이나 봉, 필름형태의 고체로 사용 시 열을 가해 사용한다. 순간접착제의 일종으로 빠르게 굳으며, 목재를 비롯해 종이, 플라스틱, 섬유, 금속을 접착할 때 사용한다. 틈새를 메우거나 테이블 상판의 에지부분을 접착할 때 사용하며, 단시간의 압착으로 접착이 가능해 고속으로 연속해서 접착하는 공정에 적합하여 대량생산되는 포장재 제작에도 사용된다. 초산비닐수지 접착제보다 강도가 약하므로 클램프 없이 접착하는 작업에 사용하며, 글루건이 대표적이다. 가스나 열이 발생되지 않아 중독이나 화재 위험은 없으나, 기기가 열을 받아 뜨거워지므로 화상의 위험이 있다. 무색으로 투명하며, 인체에 무해하고 가격이 저렴해 풀이나 테이프로 접착하기 어려운 생활용품에 광범위하게 사용되고 있다.

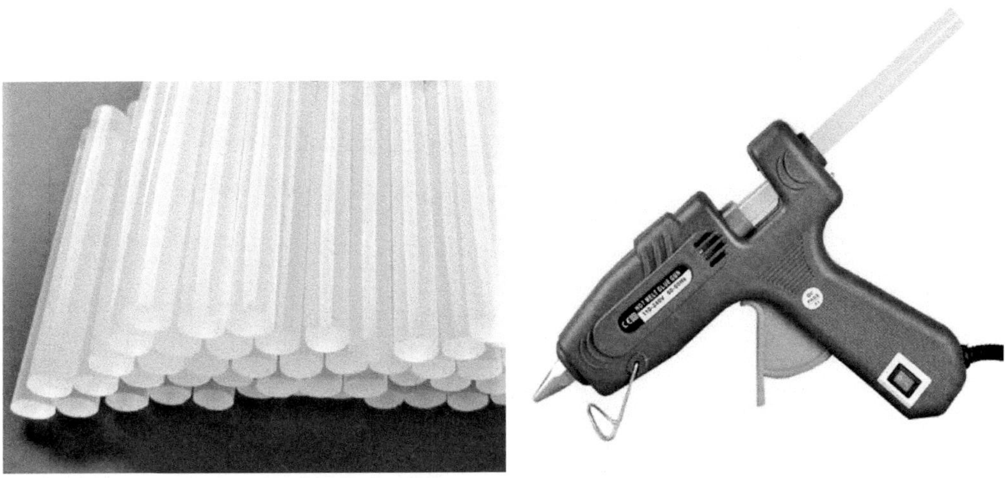

글루건

기타

<순간접착제>

시아노아크릴계 접착제를 말하며, 일반적으로 독일에서 수입되는 록타이트401이 가구제작에 사용된다. 목재 이외에 모든 재료에 사용되며, 빨리 굳으므로 신속하게 조립하거나 목재의 홈을 메꿀 때 사용한다. 굳을 때 열과 가스가 발생하므로 화상을 입을 수 있으므로 손에 묻지않도록 주의한다.

순간접착제

<폴리우레탄 접착제>

접착성이 강하며, 목재, 섬유, 금속, 플라스틱, 고무, 가죽 등 다양한 재료를 접착할 때 사용한다. 저온에서 전단강도가 크게 증가하며, 티크와 같이 기름이 많은 나무에 사용하면 좋다. 열가소성과 열경화성 폴리우레탄이 있으며, 열가소성 폴리우레탄은 가열하여 재 사용할 수 있는 것이 열경화성과 다른점이다.

<실리콘(silicone)>

규소와 산소를 골격으로 한 이것은 목재에 금속이나 유리를 붙일 때 유리하며, 내수성이 우수해 욕실이나 부엌의 모서리에 습기나 이물질이 들어가지 않도록 틈을 막는데도 사용된다. 영하 60~300℃ 사이에서 내열성, 내한성, 내습성이 강하므로 항공기의 윤활유, 전기 절연체, 방수제 등으로 사용되며, 200℃의 고온에도 강하다. 절연성도 우수하며, 밀가루풀과 같이 반고체 상태이다. 굳는데 48시간 이상이 소요되고, 투명, 흰색, 회색이 있다.

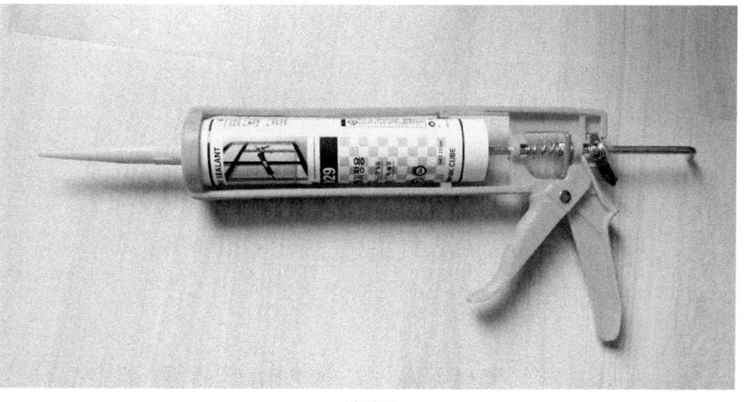

실리콘

2장 부자재

가구에 사용되는 부자재에는 경첩, 다리, 레일, 손잡이, 캐스터 등의 하드웨어가 있으며, 대부분 금속재이다. 고급가구에는 품질이 좋은 독일, 미국, 이탈리아 등지에서 수입되는 하드웨어가 사용되며, 일반가구에는 국내의 하드웨어가 사용된다. 부자재의 품질은 먼저 기능, 금속의 강도 및 정밀도, 안전도 등에 관련된 기술적인 측면이며, 두 번째로는 하드웨어의 형태를 비롯하여 표면처리와 색상, 그리고 다양성이 포함된 디자인이다.

원자재를 전량 수입해야 하는 가구산업은 부자재 개발로 가격 부담을 덜어야함에도 불구하고 하드웨어의 연구에 매진하지 못하고 있다. 왜냐하면 가구산업이 내수시장에 집중되어 있으므로 개발되는 하드웨어 물량을 소화해낼 수 있는 시장이 작기 때문이다.

따라서 가구의 수출 정책이 이루어져야 부자재 개발이 활성화 될 것이다.

경첩

가구의 문을 여닫기 위하여 문짝과 가구의 몸통에 부착하는 것으로 나비경첩, 숨은경첩, 피아노경첩, 플랩경첩, 유리경첩 등 다양한 종류가 있다.

■ 나비 경첩

일반 경첩이라고도 부르며, 숨은경첩이 개발되기 전까지 주로 사용되었다. 문짝과 가구측판에 부착하는 경첩이 한 덩어리로 되어 있으며, 보석함 같은 작은 소품에 부착하는 것부터 대형가구에 사용하는 것까지 크기가 다양하다.

나비경첩

■ 숨은 경첩

나비경첩은 밖으로 보여지나 숨은경첩은 경첩이 밖으로 보이지 않아 붙여진 이름이다. 깔끔한 디자인으로 널리 애용되며, 문이 잘 열리지 않을 때에 나사의 자리를 옮겨 상·하, 좌·우, 조정이 가능하다. 힌지(hinge)와 마운틴 플레이트(mountain plate)로 구성되며, 힌지는 문짝에 부착하고 마운틴 플레이트는 가구의 측판에 연결한다. 경첩의 크기에 따라 대·중·소로 나뉘고, 문이 열리는 각도가 다양하여 선택하여 쓸 수 있다.

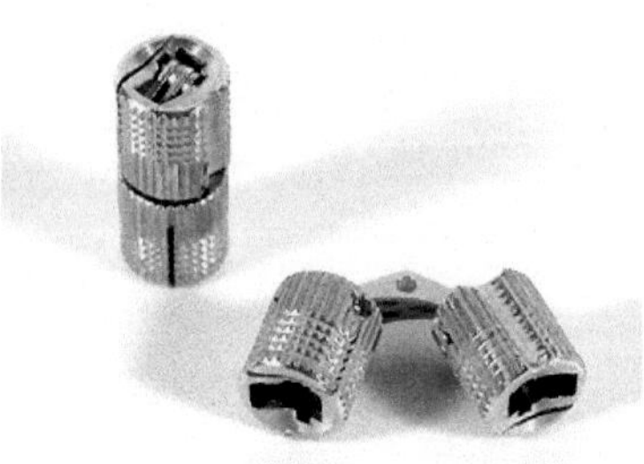

숨은경첩

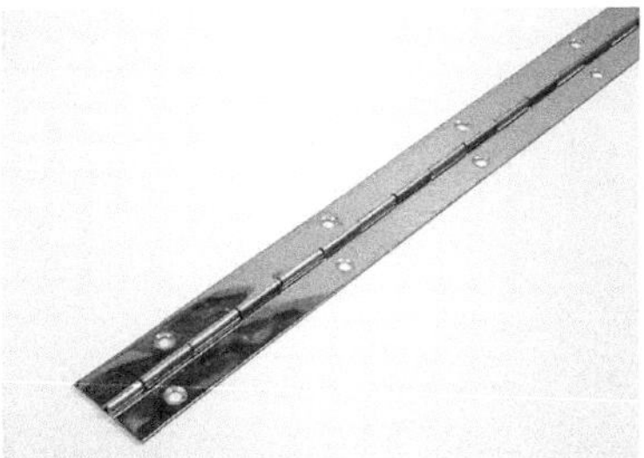

■ 피아노경첩

나비경첩과 비슷하지만 길이가 긴 것이 특징이다. 피아노와 같이 커다란 뚜껑이나 넓은 면적을 여닫기 위하여 사용하는 경첩으로 길이는 200, 400, 600, 1,000mm 등이 있다. 원하는 길이 만큼 잘라서 사용할 수 있으며, DIY 가구를 제작할 때는 장난감이나 각종 수납장의 문에 부착한다.

■ 유리경첩

숨은경첩과 같은 기능을 갖지만 유리문에만 사용하는 경첩을 말한다. 유리문은 다른 재료의 문보다 충격에 약하므로 힌지부분에 고무처리를 한 것이 특징이다.

■ 돌쩌귀경첩

한옥 문을 여닫을 수 있도록 하기 위해 자주 쓰였던 경첩으로 하나는 문짝에 달고, 다른 하나는 문설주에 달아 서로 맞추거나 꽂게 되어 있다. 일반적으로 문 하나에 2~3쌍의 돌쩌귀를 달았는데, 이것을 단 문짝은 떼어내기 쉽도록 되어 있다. 필요할 때마다 문을 떼어 창호지를 새로 발라야 하는 한옥의 방문이나 크고 육중한 대문에 알맞다. 또한 무거운 내용물을 넣거나 얹는 목가구의 문에도 부착하였다.

■ 힌지 댐퍼 Hinge Damper

경첩에 부착되어 문짝이 덜컹거리는 것을 방지하고 문이 부드럽게 닫히도록 하는 충격완충기이다. 2개의 경첩에 한 개의 완충기가 설치되는데 힌지컵에 설치되므로 별도의 공정이 필요 없다. 대부분 플라스틱으로 만들어졌으며, 댐퍼의 끝이 고무 쿠션으로 되어 있어 문을 닫을 때 소리 없이 닫힌다.

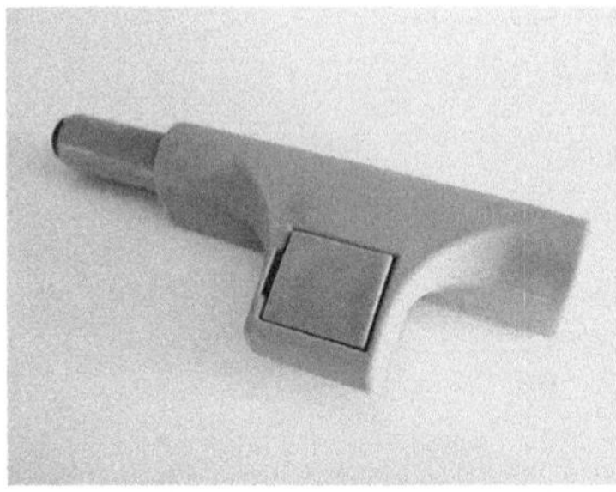

다리

의자, 그리고 책상 같은 높이의 테이블 다리를 제외한 가구를 받치고 있는 다리는 '발통'이라고도 한다. 부자재로 분류되는 다리는 책장이나 수납장, 서랍장, 소파 등에 사용되는 것을 말한다.

다리 재료로는 금속이 대부분이며, 목재와 플라스틱으로도 제작된다. 다리 끝부분에는 편편하지 않은 실내바닥에서 가구의 수평을 맞추기 위하여 높이를 조절하는 장치가 부착되기도 한다.

다리

■ 캐스터 Caster

가구의 이동을 용이하도록 다리 끝이나 다리 대신 가구의 몸통에 부착하는 바퀴를 말한다. 가구의 크기에 따라 하중을 견딜 수 있도록 다양한 크기로 제작되며, 서랍장이나 차탁자, 그리고 사무용 의자에 사용된다. 안전을 위하여 바퀴가 움직이지 않게 하는 브레이크(brake) 장치가 되어 있는 것도 있다. 캐스터는 회전성과 내구성, 그리고 디자인이 중요하다.

재료는 금속과 플라스틱이 많으며, 목재도 사용된다. 현대에는 소음이 없고, 바닥과의 마찰로 공간 바닥면이 상하지 않는 우레탄 캐스터가 이용되고 있다.

캐스터

래치(Latch)

가구의 문짝이 두 개로 나누어져 있는 경우 한쪽 문을 고정하는 장치로 버튼을 문짝 안쪽의 위나 아래에 부착하며, 가구의 몸통의 천판이나 지판에 하우징을 부착시킨다.

개폐완충 장치

가구의 문을 여닫을 때, 충격과 소음을 줄이기 위해 가구의 몸통에 부착된다. 주로 장식장, 수납장에 사용된다. 마그네틱 캐치(Magnetic Catch)는 문짝 안쪽에 금속판을 부착하고, 자석이 내장된 하우징은 가구의 천판이나 측판에 고정하여 문을 닫은 후 계속해서 잘 닫혀 있도록 하는 기능을 한다. 주로 유리장식장, 거실장, 수납장 등에 사용된다.

서랍 런너(Drawer Runner)

서랍 런너는 서랍이 들어가는 가구의 몸통과 움직이는 서랍에 부착되어 서랍의 개폐를 부드럽게 도와주는 것으로 서랍 측면이나 서랍 아래에 부착된다.

서랍 런너가 개발되기 이전에는 서랍의 몸에 홈을 내고 가구의 몸통에 앞·뒤로 긴 막대기를 대어 서랍이 긴 막대기에 따라 앞·뒤로 움직일 수 있게 하였다. 이것은 서랍이 모두 열렸을 때 앞으로 떨어지기도 하고, 목재와 목재가 마찰을 일으키면서 움직이므로 특히 습기가 많을 때는 목재가 부풀어 꽉끼기 때문에 서랍을 여는데 힘들다. 다음으로 플라스틱 런너가 생산되었으나, 충격에 약한 단점 때문에 금속 런너로 대체되었다. 금속 런너는 서랍의 하중을 잘 견디고, 부드러워 널리 애용되고 있다.

■ 스틸 런너 Steel Runner

서랍 런너 중 가장 많이 사용되는 것으로 조립이 간편하고 길이가 다양하다.

■ 스틸 볼 런너 Steel Ball Runner

볼 베어링이 부착된 런너로 스틸 런너보다 부드러우며 소음도 적으나 조립이 어렵다. 장롱천정이 무겁거나 큰 서랍에는 하중을 견딜 수 있는 스틸 볼 2단이나 3단 런너를 부착하는데 조립이 어렵다. 길이는 250~500mm까지 다양하다.

서랍런너

스틸런너적용

손잡이

가구 손잡이는 문을 여닫는 기능 이외에도 가구디자인에 많은 영향을 미치는 요소이다. 역사적으로 최초의 손잡이는 목재로 만들어진 것으로 추측되며, 1700년경에 자기로 만든 손잡이가 출현한다. 현대에는 금속과 플라스틱으로 만들어진 것이 대부분이며 목재, 자기, 가죽 등 다양한 재료가 사용된다.

손잡이의 유형은 크게 문짝 밖으로 나와 있는 돌출형과 문짝 안으로 들어가 있는 매입형, 그리고 가구자체 해결형으로 구분된다. 돌출형은 다시 꼭지형, ㄷ자형, 활형, 고리형으로 나뉜다.

■ 돌출형

① 꼭지형은 원형이나 기둥 또는 사각형이 많으며, 나사 한 개로 고정된다. 다른 손잡이보다 부피가 작고 튀어나온 정도도 작아 무겁지 않은 작은 서랍이나 문에 사용된다.

② ㄷ자형은 나사 두 개로 고정되며, 나사와 나사 사이의 길이는 최소 28mm 이상이 되어야 한다. 문에서 돌출된 길이는 최소 25mm로 꼭지형보다 길며, 서랍장의 문이나 장롱문 등 문의 크기에 따라 손잡이의 길이도 다양하다.

③ 활형은 문에서 돌출된 길이가 가장 길며, 두 개의 나사로 조립된다. 곡선이라 부드러우며, 일반적으로 ㄷ자형보다 비싸다.

④ 고리형은 조선시대에 주로 사용되었던 형태로 고전형이라고도 한다. 작은 서랍이나 고가구에 이용되며, 주문형이 많아 비싸다.

꼭지형

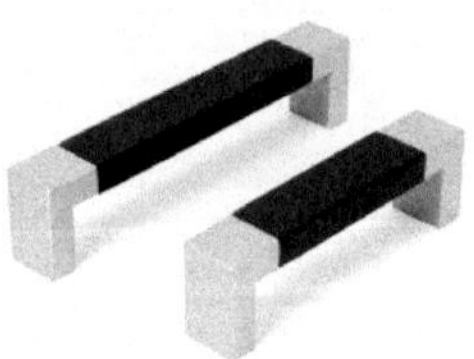
ㄷ자형

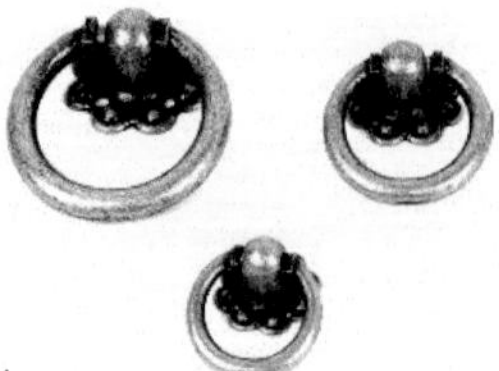
고리형

활형

■ 매입형

현대에 새롭게 나타난 손잡이로 문의 표면보다 손잡이가 안으로 들어가 있는 형태이다. 돌출되지 않아 유아나 아동이 있는 집에서 사용하기 좋으며, 깔끔하고 단순한 모더니즘 스타일의 가구에 주로 사용된다.

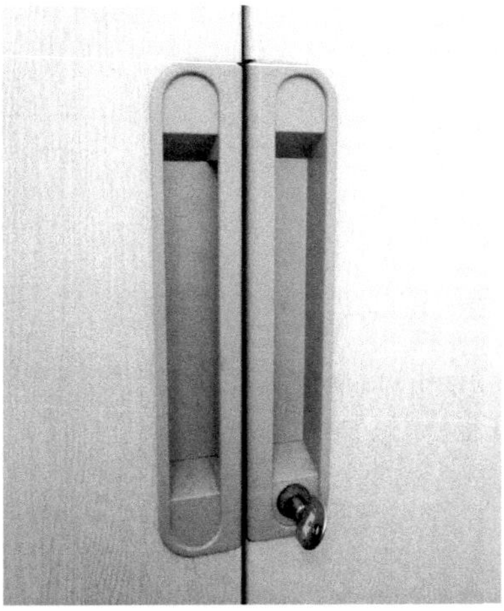

■ 가구 자체 해결형

문짝의 표면이 자체적으로 손잡이 기능을 하여 따로 손잡이를 부착하지 않아도 되는 경우이다. 여기에는 크게 두 가지로 나누는데, 하나는 문짝에 구멍을 내어 손을 넣어 잡아당기거나 문의 아래나 윗부분이 튀어나오거나 깎여 손잡이 역할을 하는 경우이다. 두 번째는 원터치 형으로 문짝과 가구에 하드웨어가 부착되어 문을 누르면 자동적으로 열리고 닫히는 시스템이다. 이것은 따로 부착된 손잡이가 없는 것으로 모던한 가구에 주로 사용된다.

가스쇼바

상단 싱크대의 유리문을 아래에서 위로 올려서 열고 올라간 문이 내려오지 않게 문을 지탱하는데 사용하는 하드웨어이다. 문의 양쪽 끝과 가구의 몸체 측면에 조립되며 하중을 견뎌야 하므로 대부분 금속으로 만들어진다. 문을 닫을 때는 아래의 가는 기둥이 위의 굵은 기둥 안으로 들어가거나 축을 중심으로 접히는 구조이다. 가스쇼바가 지탱할 수 있는 하중은 4, 6, 8, 10kg 등 다양하며, 일반형, 스텝형, 댐핑형이 있다. 일반형은 문을 위로 올려서 여는 가장 기본적인 가스쇼바이며, 스텝 가스쇼바는 원하는 문의 각도마다 멈출 수 있으며, 댐핑 가스쇼바는 문을 닫을 때 부드러워 소음이 없고, 충격에 강한것이 특징이다.

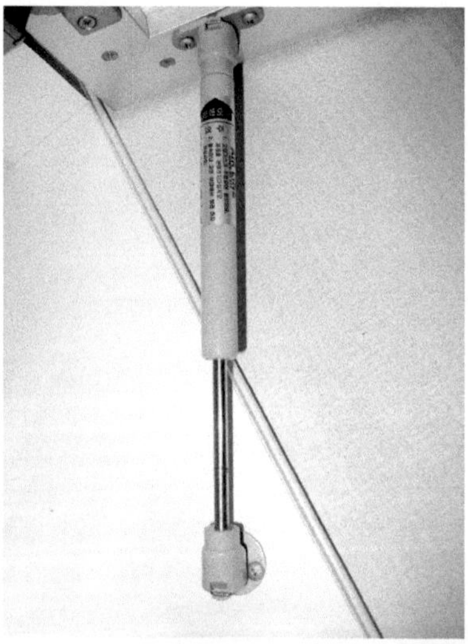

연결철물

■ 꽂음촉(Dowel)

꽂음촉은 목 다보라고 할 만큼 목재로 만들어진 것을 많이 사용하지만 이것은 주로 나사를 박고 나사못을 밖으로 보이지 않게 숨기거나 주재와 부재를 연결할 때 사용한다. 그 외에 책장이나 수납장 선반을 원하는 곳에 설치하기 위하여 꽂음촉을 측판에 설치하는데, 이때는 주로 금속 꽂음촉을 사용한다. 다보의 종류는 여러 가지이나 선반을 위해서는 평다보가 가장 많이 사용되며, 유리선반이 밀리지 않게 하는 유리다보와 기타 선반이 밀리지 않도록 고무링이 둘러져 있는 링다보도 있다.

목다보

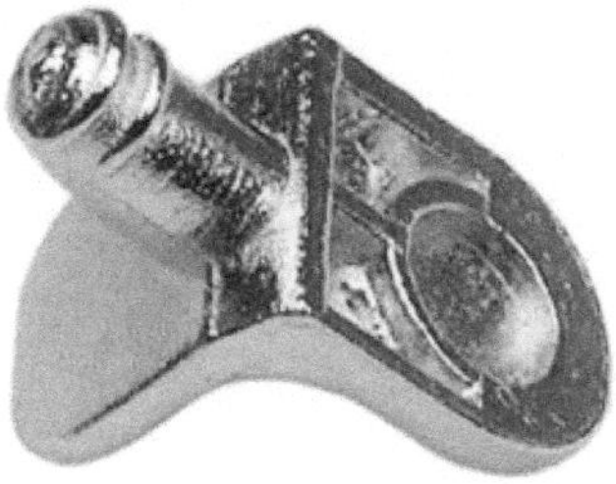

평다보

유리다보

링다보

■ 라픽스(Rafix)

볼트와 하우징으로 구성된 연결철물의 일종으로 조립과 해체가 용이하다. 주로 수평의 판과 수직의 판이 연결될 때 사용되므로 측판과 천판 또는 지판을 연결하거나 책장의 중간 선반을 측판에 연결할 때 사용한다. 천판이나 선반에 하우징을 집어넣고 볼트는 측판기둥에 삽입한 후 볼트의 머리 부분이 하우징에 삽입된 채로 하우징의 십자홈을 조이면 견고하게 조립된다. 판과 판의 연결거리가 짧아 서로 잡아당기는 인장력이 우수하다. 미니픽스가 수평과 수직의 보링이 섞여 있는 반면 라픽스는 수직보링만 있어 더 간편하다.

라픽스

■ 맥스픽스

맥스픽스와 볼트로 구성되며, 두개의 요소는 90。각도로 위치한다. 부피가 큰 가구를 이동시 분해와 조립이 가능하도록 해주는 연결철물이다. 맥스픽스의 화살표가 볼트를 향하도록 장착한 뒤, 볼트가 들어갈 곳에 서포트를 내장한다. 서포트에 연결볼트를 고정하고, 맥스픽스가 장착된 판에 연결볼트를 연결한 후 맥스픽스를 잠길 때까지 돌려주면 체결이 완료된다.

맥스픽스 적용(헤펠레 코리아)

■ 미니픽스(Minifix)

라픽스와 마찬가지로 볼트와 하우징으로 구성된다. 라픽스와 같이 수평과 수직의 부재를 연결하는 일반형과 다양한 각도에 맞추어 사용하는 각도형이 있다. 조립이 간편하고 밖으로 노출되지 않아 미관상 아름다우므로 조립식 가구에 주로 사용된다. 라픽스와 같이 대량생산에 적합한 하드웨어이나 라픽스는 침대 다리처럼 길이가 긴것을 접합할 때 사용하는 반면에 미니픽스는 선반과 같이 비교적 고정길이가 짧은 곳에 사용한다. 일반 볼트보다 가격이 비싼 것이 단점이다.

미니픽스

■ 볼트

볼트에는 연결볼트, 짱구볼트가 있다.

연결볼트는 장롱이나 싱크대, 그리고 거실장 등을 세트로 연결할 때 사용한다. 즉 측판과 측판을 나란히 연결할 때 사용하는 것으로 볼트와 너트의 길이가 측판의 두께가 다양해도 조립이 되도록 여유 있게 고안되었다.

짱구볼트는 천판이나 지판과 측판을 연결할 때 사용하며, 특히 침대의 머리판과 하부 프레임 연결시 사용된다. 가구의 크기에 맞춰 사용할 수 있도록 크기가 다양하며, 연결 힘이 강한 것이 장점이지만 밖으로 노출되어 외관이 아름답지 못한 것이 단점이다.

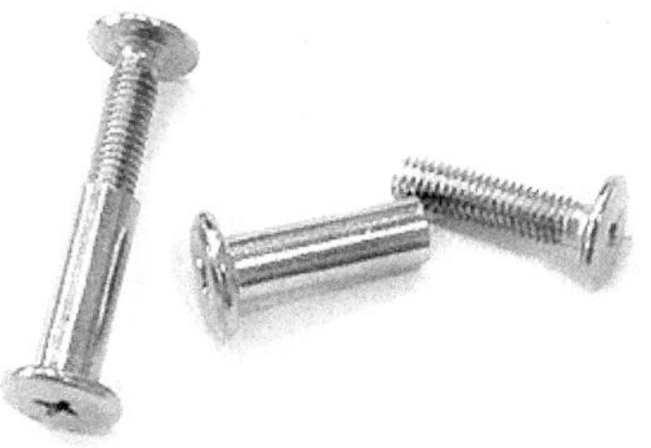

연결볼트

짱구볼트

3장 가구제작에 필요한 공구

가구제작에 필요한 공구는 크게 수공구와 전동공구로 나눈다. 수공구는 손으로 사용하는 공구로 전기가 보편화되기 전에 만들어진 가구는 모두 수공구에 의해 만들어졌다. 전기의 보급이 시작되면서 전기에 의해 작동되는 전동공구가 만들어졌고, 수공구보다 훨씬 제작이 간편하고 효율이 높은 전동공구로 인하여 대량생산되는 가구 및 DIY가구제작이 용이하게 되었다.

01 수공구

수공구에는 과거 조선시대부터 사용해 오던 것은 물론 조금 변형된 형태도 있으며, 주로 소량의 주문가구나 조각이 들어간 가구 또는 고급가구제작에 사용된다.

끌과 조각칼

끌은 목재를 깎거나 구멍을 내는데 사용되는 칼로 조각칼과 유사하지만 크기가 크다. 끌을 목재에 대고 끌의 윗부분을 망치로 두드려 목재를 깎아내므로 조각칼보다는 세밀하지 않은 거친 작업에 사용된다. 끌과 조각칼의 날이 둔해지거나 이가 빠지면 숫돌에 갈아 날을 세워 사용한다.

조각칼은 끌과 형태가 같으나 크기가 작고, 세밀한 조각을 할 때 사용하므로 칼날도 날카롭고 얇다. 경우에 따라 끌과 같이 망치로 두드려 사용하기도 하지만 손의 힘으로만 조각하기도 한다. 평칼, 둥근칼, 삼각칼 등이 있다.

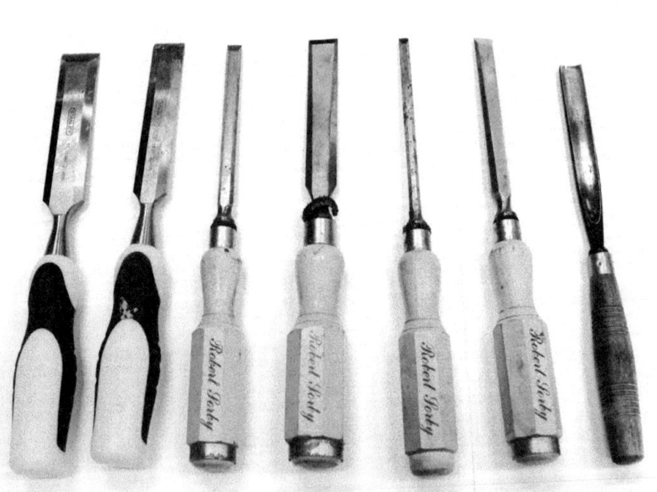

대패

목재의 고르지 못한 표면을 평평하게 또는 매끄럽게 깎아내거나 평면이나 곡선부분을 다듬을 때도 사용한다. 대패의 날은 경사가 매우 중요하며, 무뎌지면 금속날만 빼내 숫돌에 갈아 사용한다. 대패질은 엇결이 되지 않도록 나무의 결을 잘 파악하여 사용한다. 대패에는 평대패, 마감 홈대패, 둥근 홈 대패, 홈파기 대패 등 다양하다.

망치

망치에는 쇠로 된 금속망치와 나무로 만들어진 나무망치, 고무로 만들어진 고무망치가 있다. 금속망치는 못을 박을 때와 같이 가장 큰 힘이 필요할 때 사용하며, 나무망치는 끌이나 조각칼을 두드릴 때 사용한다. 고무망치는 목재에 흠이 나지 않으므로 나무촉을 박거나 조각칼을 약하게 두드릴 때 사용한다.

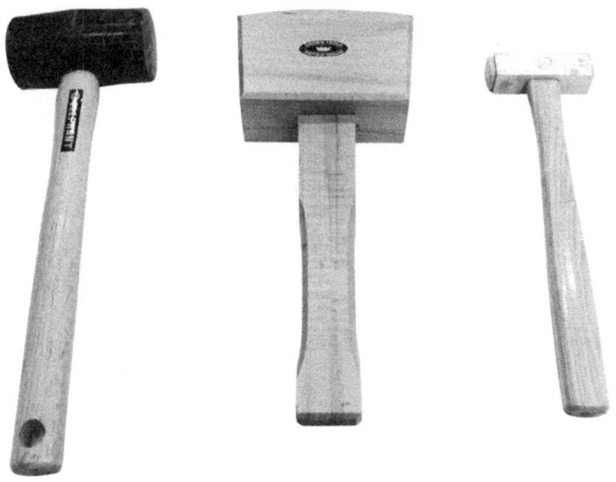

바이스(Vise)

목재를 자르거나 구멍을 뚫는 작업과정에서 재료가 작업대 위에서 움직이지 않도록 바이스에 붙어 있는 핸들로 나사를 죄어서 고정하는 것으로 클램프(Clamp)라고도 부른다. 또한 가구의 여러 부분을 이음이나 짜임, 그리고 접착제를 이용하여 고정시킬 때도 바이스에 물려 건조시킨다. 바이스의 종류에는 작업대에 장치하여 사용하는 바닥이 평평한 탁상용 바이스, 아래쪽에 긴 다리가 있어 이것을 작업대의 측면에 장치하는 것을 다리붙이바이스, 작은 부품을 고정하는 핸드바이스가 있다.

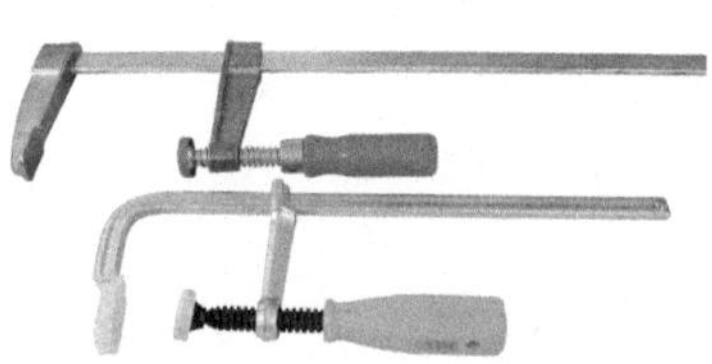

핸드바이스

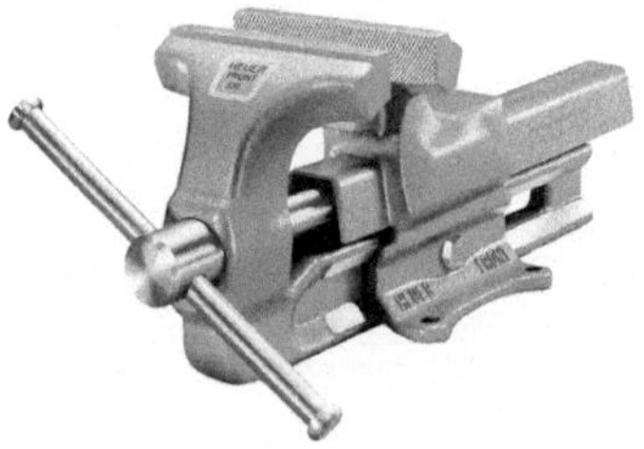

탁상용 바이스

사포

사포는 줄로 목재를 다듬은 후 표면을 매끄럽고 윤이 나게 마무리하는 데 사용된다. 샌드 페이퍼(sand paper)라고도 부르며, 숫돌과 같은 연마입자를 접착제를 사용하여 종이에 붙인 것이 종이사포이며, 천에 붙인 것은 천사포이다. 천은 종이보다 질기므로 오래 쓸 수 있으므로 가격이 종이사포보다 비싸다.

사포는 일정한 크기 안에 들어가 있는 연마입자의 수에 따라 번호가 붙여지는데, 예를 들어 320방은 320개의 연마입자가 붙어있음을 의미한다.

■ 사포의 종류

숫자가 클수록 많은 입자가 붙어 있으므로 사포의 질이 고우며, 가구제작의 마무리단계에 사용된다. 80과 100방은 입자가 굵어 거친 표면을 정리하거나 페인트를 벗겨낼 때 사용하며, 150, 220, 320방은 가구의 표면을 매끄럽게 하고 모서리 등을 정리할 때 사용하며, 주로 목재용으로 사용된다. 220방부터 600방까지는 플라스틱에 주로 사용되나, 원목에 천연오일을 바를 경우 흠이 보이지 않고 광택이 나도록 할 때도 필요하다. 600방부터 1200방까지는 금속용으로 사용된다.

숫돌

가구제작에 사용되는 목공구용 숫돌에는 천연숫돌과 인조숫돌이 있다.

천연 숫돌은 수성암으로 만들기 때문에 채굴에 따른 제약이 있으며, 재질이 균일하지 않은 단점이 있다. 인조다이아몬드를 개발하는 과정에서 개발된 인조숫돌은 재질이 균일하며, 가격도 저렴하여 천연숫돌보다 많이 사용되고 있다. 숫돌의 색에 따라 백숫돌, 청숫돌이라고도 하며, 재질에 따라 거친 숫돌, 중숫돌, 완성숫돌로 구분한다.

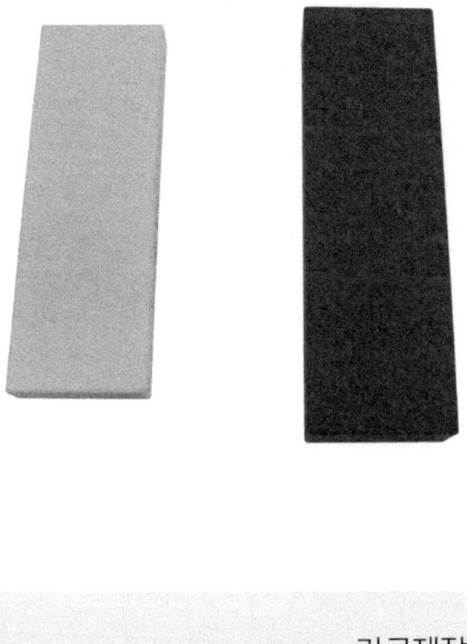

자

자의 종류는 다양하며, 길이가 다양하고 부피가 작은 줄자는 합판이나 집성목과 같이 커다란 재료의 규격을 재는데 용이하다. 직각자는 가구를 조립할 때, 특히 90。를 이루어야 하는 부분측정에 주로 사용된다. .

버니어 캘리퍼스(vernier calipers)는 가구의 길이를 재는 것은 물론 재료의 두께, 구멍의 지름 및 깊이 등 일반자로 측정이 어려운 부분을 정밀하게 측정할 수 있는 것이 특징이다.

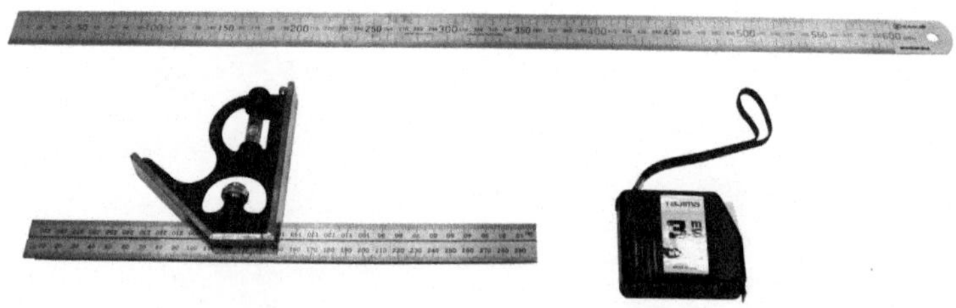

톱

톱은 목재를 자를 때 사용하는 공구로 톱날이 양쪽으로 있는 양날톱과 한쪽으로 있는 톱이 있다. 양날톱은 일반적으로 크기 때문에 커다란 재료를 자를 때 사용되며, 날이 한쪽만 있는 일반 톱도 양날톱과 같이 거친 것과 고운 것 두 가지로 나뉜다. 실톱은 날이 한쪽에만 있으며, 실 같이 얇아 작은 조각을 오려내거나 곡선작업 등 세밀한 작업에 용이하다.

02 전동공구

디스크 그라인더(Disk Grind)

금속이나 목재 같은 재료를 갈아낼 때 사용하는데, 먼저 끌이나 칼작업으로 형태를 잡은 뒤 다듬을 때 사용한다. 재료에 따라 다양한 사포날을 끼워 사용하는데 무겁고 전기에 의해 빠르게 회전되므로 사고가 날 수 있기 때문에 주의해야 한다.

에어타카(Air Tacker)

심의 형태는 ㄷ자와 일자가 있으며, 공기의 압력으로 합판이나 MDF를 고정시킬 때 사용한다. 흔적을 없애기 위해 홈을 메우고 도장을 하거나 무늬목을 바르기도 한다. 못이나 나사보다 고정력이 떨어지므로 힘을 받는 곳에는 사용하지 않는다.

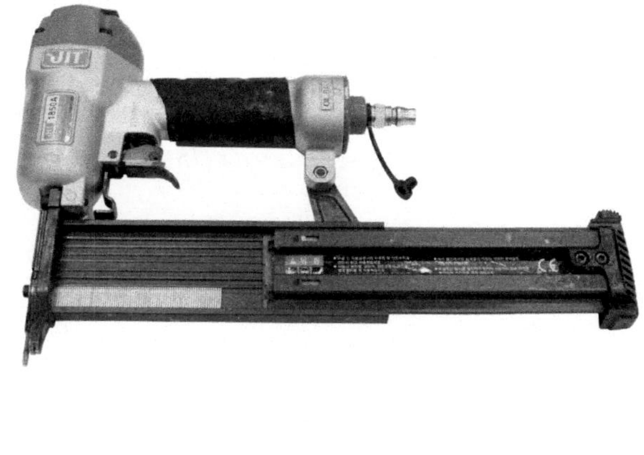

전기샌더

사포를 부착하여 전기의 반동에 의해 목재나 금속의 표면을 매끄럽게 하거나 광택을 내는데 사용된다. 사포가 낡아지면 갈아 끼울 수 있어 편리하며, 목재의 결방향을 따라 작업하면 사포자국이 나뭇결과 섞여 잘 보이지 않아서 좋다.

전기직소

MDF나 합판과 같이 얇은 판재를 재단할 때 사용한다. 날이 한쪽으로 있는 톱을 장착하여 전기에 의해 위아래로 움직이면서 판재를 자르는 것으로 수공구의 실톱과 유사하다.

핸드 드릴(Hand Drill)

일정한 장소에 고정되어 있는 탁상용 드릴과 달리 이동이 편리하고 손으로 작동할 수 있는 장점이 있어 널리 이용된다. 다양한 크기의 드릴날(drill bits)을 사용하여 구멍을 뚫거나 나사를 조립할 때 사용된다. 트위스트 드릴 비트(twist drills bits)는 목재, 금속, 플라스틱 등의 일반적인 재료에 광범위하게 사용하나 중심을 맞추기 어려워 구멍이 타원형으로 뚫리는 경우가 많다. 반면에 목공용 드릴비트는 비트 가운데가 뾰족하게 돌출되어 중심을 정확하게 잡을 수 있으므로 구멍이 원형으로 뚫린다.

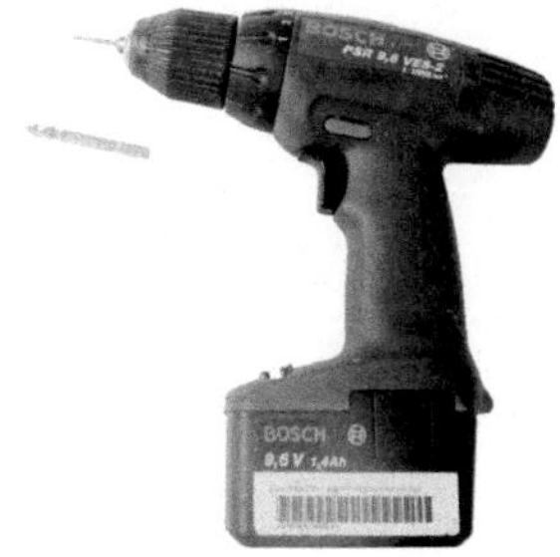

전기대패

전기대패는 손으로 잡고 움직이는 소형과 한 장소에 고정되어 있는 대형으로 구분되는데 여기에서는 소형에 관하여 알아본다. 목재를 평평하게 다듬을 때 사용되는 것으로 수공구의 대패와 유사하다. 대팻날의 깊이를 조절할 수 있는 레버가 있으며, 전기를 활용하므로 손대패보다 작업진행은 빠르지만 작업이 거칠기 때문에 전기대패로 먼저 다듬은 후 손대패로 마무리하는 것이 좋다. 종류에는 기어식과 벨트식이 있으며, 주로 벨트식이 많이 쓰인다. 전기대패의 무게가 무거워 대패를 누를 필요는 없으며, 천천히 앞으로 밀어주며 진행한다. 앞으로 밀 때 재료가 움직이지 않도록 단단히 고정시켜야 한다.

핸드 루터(Hand Router)

핸드 루터 또는 핸드 라우터라고 부르며, 양쪽에 달려 있는 손잡이를 잡고 원하는 방향으로 이동이 편리하다. 작은 홈을 파내거나 구멍을 뚫고, 곡면을 가공하는데 사용된다. 크게 손으로 움직일 수 있는 핸드 루터와 한 곳에 고정시켜 사용하는 고정형 루터가 있다. 목재 절삭 시 모터에 무리가 가지 않도록 한 번에 하지 말고, 여러번에 나누어 조금씩 깎는다.

트리머(Trimmer)

목재에 일정한 홈을 파거나 가장자리를 둥글게하는 것처럼 모양을 낼 때 사용한다.

홈의 깊이가 깊을 때는 조금씩 여러번에 나누어 깊이 조절을 해서 파야 안전하며, 빠르게 움직이면 날이 부러질 수 있으므로 천천히 이동한다. 트리머의 날모양이 다양하여 원하는 것을 갈아 끼운뒤 사용하며, 한 손으로 작업할 수 있으므로 편리하다.

참고문헌

- 강신우, 가구디자인, 미진사, 2010
- 강욱 외, 가구공학, 서울대학교출판부, 2002
- 강춘원 외, 친환경 실내건축재료학, 전북대학교출판문화원, 2020
- 곽대웅, 화각장, 화산문화, 2000
- 김상권, 가구제작테크닉, 조형사, 1997
- 김영창, 재료와 가공, 태학원, 2001
- 김정필, 디자인의 재료, 도서출판 예경, 1998
- 김종묵, 가구디자인에서의 유리활용에 관한 연구, 홍익대학교 산업미술대학원 논문, 2003
- 남경숙 외, 전통가구, 한양대학교 출판부, 2008
- 남철균, 목재디자인론, 태학원, 2002
- 문지현, 옻칠을 이용한 가구디자인 연구, 홍익대학교 대학원 논문, 2003
- 심화숙, 전통한지공예, 우리출판사, 2005
- (사)전통한지공예가협회·심화숙, 전통한지공예, 우리출판사, 2005
- 오세자, 무늬목을 이용한 가구디자인 연구, 홍익대학교 일반대학원 논문, 2003
- 전재덕, 플라스틱 디자인, 건우사, 1985
- 정복상 외, 목칠가구, 창지사, 1999
- 조숙경, 미하엘토네트에 관한 연구, 홍익대학교 일반대학원 논문, 1994
- 조숙경, 국내 가죽소파에 관한 연구, 한국가구학회지 vol.12. no.1, 2001
- 조숙경, 고려시대 가구재료 연구, 한국가구학회지 vol.25. no.1, 2014
- 조숙경, 소파개론 및 실습, 미진사, 2021
- 한가람디자인미술관, 베르너 팬톤, 한가람디자인미술관, 2007
- Alexander von Vegesack. 1987. Das Thonet Buch. Bangert Verlag. Germany
- Lydia L. Dewiel. 1999. stühle sessel. Heyne Verlag. Germany
- RotoVision SA. 2001. the best table·chair·lights. England
- Sembach, Leuthäuser, Gössel. Möbeldesign. Taschen Verlag. Germany
- Wilhelm Heyne Verlag GmbH & Co.KG.1993. Thonet Mel. Germany

조 숙 경

저 서 | 가구드로잉기법, 기문당(2011)
독일가구디자인, 기문당(2013)
한국현대가구사, 기문당(2015)
한국가구의 역사, 미진사(2019)
한국과 독일의 부엌가구, 미진사(2021)
소파개론 및 실습, 미진사(2021)
서양가구의 역사, 기문당(2023)
사무용 가구, 기문당(2024)

현 재 | 서일대학교 생활가구디자인과 교수
장애인직업재활시설 일굼터 경영자문위원
까치협동조합 이사장

www.chodesign.com

가구재료학

2012년 2월 29일 1판 1쇄 발행
2025년 2월 20일 2판 2쇄 발행

저 자 조숙경
발 행 처 기문당
주 소 서울시 성동구 무학봉 28길 4-1
전 화 02) 2295-6171~2
팩 스 02) 6971-8188
홈 페 이 지 www.kimoondang.com
I S B N 978-89-6225-995-7 93630